AF544172

EUL
VERLAG

Reihe: Marketing · Band 75

Herausgegeben von Prof. Dr. Heribert Gierl, Augsburg, Prof. Dr. Roland Helm, Regensburg, Prof. Dr. Frank Huber, Mainz, und Prof. Dr. Henrik Sattler, Hamburg

Prof. Dr. Frank Huber
Johannes Becht
Kerstin Strieder

Corporate Hypocrisy

Eine empirische Gefahrenanalyse von inkonsistenter CSR-Politik für die Unternehmensbewertung

Bibliografische Information der Deutschen Nationalbibliothek

Die Deutsche Nationalbibliothek verzeichnet diese Publikation in der Deutschen Nationalbibliografie; detaillierte bibliografische Daten sind im Internet über <http://dnb.d-nb.de> abrufbar.

ISBN 978-3-8441-0464-6
1. Auflage Mai 2016

JOSEF EUL VERLAG GmbH
Brandsberg 6
53797 Lohmar
Tel.: 0 22 05 / 90 10 6-6
Fax: 0 22 05 / 90 10 6-88
E-Mail: info@eul-verlag.de
http://www.eul-verlag.de

Bei der Herstellung unserer Bücher möchten wir die Umwelt schonen. Dieses Buch ist daher auf säurefreiem, 100% chlorfrei gebleichtem, alterungsbeständigem Papier nach DIN 6738 gedruckt.

Vorwort

Aufgrund zahlreicher Medienberichte über skandalöses und unverantwortliches Unternehmensverhalten reagieren Konsumenten mit zunehmender Skepsis auf die CSR-Versprechen eines Unternehmens. Handelt ein Unternehmen in Widerspruch zu seinen Leitlinien bzw. moralischen Prinzipien, gibt also vor, etwas zu sein, was es nicht ist, führt dies zur Wahrnehmung von unternehmerischer Scheinheiligkeit. Aus Unternehmenssicht stellt Corporate Hypocrisy somit durch das Risiko, in Verruf zu geraten, alle Investitionsentscheidungen in CSR in Frage. Das von Inkonsistenz in der CSR-Politik gekennzeichnete Phänomen fand jedoch in der wissenschaftlichen Forschung bisher kaum Beachtung. Um diese Forschungslücke zu füllen, untersucht die vorliegende Studie deshalb sowohl Einflussfaktoren als auch Auswirkungen der unternehmerischen Scheinheiligkeit. Als Einflussfaktoren werden der Grad der Inkonsistenz sowie die Identifikation eines Konsumenten mit dem betreffenden Unternehmen betrachtet. Weiterhin untersucht diese Arbeit, welche Auswirkungen die unternehmerische Scheinheiligkeitswahrnehmung auf relevante Unternehmensbewertungskriterien, wie die Glaubwürdigkeit, die Einstellung und die CSR-Beliefs, aus Konsumentensicht hat. Abschließend wird der Effekt auf moralische Emotionen und die damit zusammenhängende Boykott-Intention analysiert. Zur Überprüfung der theoretischen Überlegungen wird eine empirische Analyse durchgeführt. Die Ergebnisse daraus bestätigen einen Großteil der Modellhypothesen. Es zeigt sich, dass sich die unternehmerische Scheinheiligkeit negativ auf Glaubwürdigkeit sowie Einstellung zum Unternehmen und CSR-Beliefs auswirkt. Zudem werden beim Konsumenten Verärgerung und Empörung ausgelöst, die zu einer erhöhten Boykott-Intention führen. Die Wahrnehmung von Scheinheiligkeit fällt geringer aus, wenn der Konsument über eine hohe Identifikation mit dem betreffenden Unternehmen verfügt. Aus den Ergebnissen werden schließlich für Marketingforschung und -praxis Handlungsempfehlungen abgeleitet. Zudem wird auf Limitationen der Studie eingegangen.

Mainz, im März 2016

Frank Huber
Johannes Becht
Kerstin Strieder

Inhaltsverzeichnis

Abbildungsverzeichnis

Tabellenverzeichnis

Abkürzungsverzeichnis

ANOVA	Analysis of Variance
AVE	Average Variance Extracted
CA	Cronbach´s Alpha
CSI	Corporate Social Irresponsibility
CSR	Corporate Social Responsibility
d.h.	das heisst
et al.	et alii
f.	folgendes
ff.	fortfolgende
H	Hypothese
Hrsg.	Herausgeber
Nr.	Nummer
NGO	Nichtregierungsorganisation
OECD	Organisation für wirtschaftliche Zusammenarbeit und Entwicklung
PLS	Partial Least Squares
S.	Seite
SIA	Social Identity Approach
SIT	Social Identity Theory
SCT	Self –Categorization Theory
SPSS	Superior Performing Software Systems
UN	Vereinte Nationen
Vgl.	Vergleiche
VIF	Variance Inflation Factor
Vol.	Volume
WOM	Word-of-Mouth
z. B.	zum Beispiel

1. Zur Relevanz von unternehmerischer Scheinheiligkeit

Seit einigen Jahren gewinnt das Konzept der Übernahme gesellschaftlicher Verantwortung durch Unternehmen, im Englischen als Corporate Social Responsibility (CSR) bezeichnet, in wissenschaftlicher Forschung und Managementpraxis immer mehr an Bedeutung (Lin-Hi & Müller, 2013, S. 1928; Luo & Bhattacharya, 2006, S. 1). Gesellschaftliches Engagement ist mittlerweile häufig mit beachtlichen Investitionen verbunden und nicht selten von strategischer Bedeutung für ein Unternehmen (Luo & Bhattacharya, 2006, S. 1). Vordergründig haben CSR-Initiativen freiwilligen und altruistischen Charakter (Carroll, 1999, S. 286). Es hat sich jedoch gezeigt, dass dieses unternehmerische Umdenken nicht nur der Gesellschaft zugutekommt, sondern für das Unternehmen einen Wettbewerbsvorteil darstellen kann, indem es unter anderem für eine positive Reputation sorgt und damit langfristig zu einer besseren finanziellen Performance führt (Klein & Dawar, 2004, S. 203). Insbesondere große und international tätige Konzerne wollen von den positiven Effekten durch CSR profitieren, um die Herausforderungen einer globalisierten Wirtschaft bewältigen zu können. Im Jahr 2004 haben 90 % der Fortune-500-Unternehmen CSR-Aktivitäten durchgeführt (Luo & Bhattacharya, 2006, S. 1).

Unternehmen handeln in ihrer CSR-Politik nicht nur aus eigenem Antrieb, sondern geraten durch die Forderung ihrer Anspruchsgruppen nach mehr Transparenz der Nachhaltigkeitsleistung zunehmend unter Druck. Eine Studie des Beratungsunternehmens KPMG (2011, S. 6) kommt zu dem Ergebnis, dass 95% der 250 weltweit stärksten Unternehmen CSR-Berichte veröffentlichen. Die weltweilt größte Initiative für gesellschaftlich verantwortungsvolles Handeln stellt der Global Compact der Vereinten Nationen dar (UN Global Compact, 2014). Mehr als 12 000 Unternehmen oder Organisationen aus über 145 Ländern haben diesen unterzeichnet und sich darin zur Einhaltung von zehn Prinzipien aus den Bereichen Menschenrechte, Arbeitsnormen, Umweltschutz und Korruptionsbekämpfung verpflichtet (UN Global Compact, 2014).

In Kontrast dazu finden sich in den Medien regelmäßig Berichte über unverantwortliches und skandalöses Unternehmensverhalten (Wagner et al., 2009, S. 77). Ein prominentes Beispiel ist die Explosion der BP-Ölbohrplattform Deepwater Horizon im Golf von Mexiko 2010 (Zeit Online, 2010), welche sowohl langjährige Schäden für die Tier- und Pflanzenwelt als auch katastrophale Konsequenzen für den Menschen verursachte. Die Berichte über Arbeitsrechtsverletzungen beim Apple-Zulieferer Foxconn in China 2013 brachten ein weiteres Unternehmensfehlverhalten ans Tageslicht. Laut Berichterstattung wurden Informatikstudenten der Universität Xian gezwungen, bei Foxconn zu arbeiten. Anderenfalls wurde damit gedroht, ihnen den universitären Abschluss zu verweigern (Handelsblatt Online, 2013). Der Korruptionsskandal der Firma Siemens, die sich mithilfe von Schmiergeldern lukrative Auslandsgeschäfte sicherte (Handelsblatt Online, 2007), ist ein weiteres Beispiel. Neben der Erforschung von CSR finden sich mittlerweile auch zahlreiche Studien, die sich explizit unverantwortlichem Unternehmensverhalten widmen (Grappi et al., 2013; Lange & Washburn, 2012; Lin-Hi & Müller, 2013; Sweetin et al., 2013). Konsumenten reagieren auf derartige Skandale, die eine Diskrepanz zwischen den CSR-Versprechen der Unternehmen und dem tatsächlichen Handeln offenbaren, mit Skepsis (Becker-Olsen et al., 2006, S. 50). Negative Auswirkungen aufgrund dieser beobachteten Inkonsistenz sind vor allem dann für ein Unternehmen zu erwarten, wenn beim Konsumenten das Gefühl entsteht, ein Unternehmen gelobt aus Reputationsgründen gesellschaftliche Verantwortung, um anschließend in Widerspruch zu den eigenen Prinzipien zu handeln (Wagner et al., 2009, S. 81f.). Dieses als unternehmerische Scheinheiligkeit (Corporate Hypocrisy) bezeichnete Phänomen kann für Unternehmen zur Bedrohung werden und stellt damit die Investitionen in CSR, welche folglich mit Risiko verbunden sind, allgemein in Frage. Das Phänomen ist in der Konsumentenverhaltensforschung bisher kaum untersucht worden und weist deshalb Forschungslücken auf. Eine der wenigen Arbeiten zu diesem Thema stammt von *Wagner et al. (2009)*.

Bislang ist noch unbekannt, welche Faktoren die Scheinheiligkeitswahrnehmung bei den Konsumenten fördern. Ferner ist unklar, ob alle Verbraucher gleich auf das scheinheilige Verhalten reagieren. Verschließt der Kunde mit hoher organisationaler Identifikation die Augen, wenn das Unternehmensverhalten nicht den Ankündigungen im CSR-Bericht entspricht und steht somit dem Unternehmen auch in Krisensituationen bei? Oder kann der ursprünglich „loyale Verbraucher“ durch sein strafendes Verhalten zu einer viel größeren Bedrohung für das Unternehmen werden als der illoyale Konsument.

In Anlehnung an die genannte Studie wird in der vorliegenden Untersuchung die Wirkung von unternehmerischer Scheinheiligkeit auf die Einstellung sowie die allgemeinen CSR-Vorstellungen eines Konsumenten in Bezug auf ein Unternehmen untersucht. Zur Erweiterung ihres Modells schlagen *Wagner et al. (2009, S. 89)* unter anderem vor, den Einfluss der Scheinheiligkeit auf die Unternehmensglaubwürdigkeit zu untersuchen. Die vorliegende Studie folgt dieser Empfehlung. Anregungen zur Wirkung von Scheinheiligkeit kommen zudem aus dem Fachgebiet der Sozialpsychologie. Studien aus dem Forschungsbereich des strafenden Konsumentenverhaltens kommen zu dem Schluss, dass die Wahrnehmung von scheinheiligem Verhalten negative Emotionen beim Beobachter auslöst, die wiederum positiv mit dem Wunsch nach Bestrafung zusammenhängen (Laurent et al., 2014, S. 71). In Übereinstimmung mit diesen Ergebnissen werden die Emotionen Verärgerung und Empörung in der vorliegenden Studie untersucht. Von Interesse ist zudem, wie sich diese Emotionen auf die Boykottabsicht als Bestrafungsinstrument auswirken. Besondere Berücksichtigung erfährt der Grad der Inkonsistenz, dessen Einfluss im Zusammenspiel mit der Identifikation mit dem betroffenen Unternehmen auf den Wahrnehmungs- und Beurteilungsprozess untersucht wird. Hintergrund bildet dabei die Fragestellung, ob Corporate Hypocrisy generell erst ab einem gewissen Grad für ein Unternehmen gefährlich werden kann. Weiterhin sollen dabei die Wahrnehmungsunterschiede zwischen verschiedenen Konsumentengruppen ermittelt werden. Ziel dieser Arbeit ist demzufolge die Beantwortung der folgenden drei Forschungsfragen:

1. Welchen Einfluss haben die Identifikation zwischen Konsument und Unternehmen sowie der Grad der Inkonsistenz in der CSR-Politik auf die Wahrnehmung von Scheinheiligkeit und deren Konsequenzen?
2. Wie bewerten Konsumenten Unternehmen bei inkonsistenter CSR-Politik und der damit verbundenen Wahrnehmung von Scheinheiligkeit?
3. Welche negativen Emotionen werden bei wahrgenommener Scheinheiligkeit hervorgerufen und führen diese dazu, dass Konsumenten das Unternehmen in Form von Boykott bestrafen?

Um diese Fragen letztlich beantworten zu können, erfolgt in Kapitel zwei zunächst eine konzeptionelle Begriffsklärung von CSR sowie eine Annäherung an das Phänomen unternehmerischer Scheinheiligkeit. Weiterhin wird im zweiten Kapitel mit der Erläuterung der Attributionstheorie, dem Social Identity Approach (SIA) und der Appraisal-Theorie das theoretische Fundament der vorliegenden Studie gelegt. Der Herleitung des Untersuchungsmodells in Kapitel drei folgt im darauffolgenden Kapitel dessen empirische Überprüfung an der Realität. Für die Untersuchung der beiden Einflussfaktoren der unternehmerischen Scheinheiligkeit wird eine Varianzanalyse durchgeführt. Die Auswertung der übrigen Modellbeziehungen erfolgt mithilfe des Partial-Least-Squares (PLS)-Ansatzes. Aus den gewonnenen Ergebnissen werden am Ende des vierten Kapitels Implikationen für Forschung und Praxis abgeleitet, bevor Kapitel fünf abschließend die wichtigsten Erkenntnisse zusammenfasst.

2. Grundlagen und Theorien zu Corporate Social (Ir-)Responsibility und unternehmerischer Scheinheiligkeit

2.1. Corporate Social (Ir-)Responsibility

Das Ziel eines Unternehmens besteht, den Grundprinzipien der ökonomischen Theorie folgend, in der langfristigen Profitmaximierung (Armstrong & Green, 2013, S. 1922). Der gesellschaftliche Wertewandel innerhalb der letzten Jahre hat jedoch ein Umdenken dieses Credos für viele Marktakteure mit sich gebracht, wodurch soziale und ökonomische Verantwortungsübernahme von Unternehmen zunehmend an Relevanz gewonnen haben und inzwischen von vielen Stakeholdern erwartet werden. Somit stellt CSR ein sehr wichtiges Konzept für Unternehmen und damit auch für die wissenschaftliche Forschung dar (Luo & Bhattacharya, 2006, S. 1; Homburg et al., 2013, S. 54; Klein & Dawar, 2004, S. 203; Lin-Hi & Müller, 2013, S. 1928;). Im Deutschen ist unter dem Begriff CSR die Übernahme gesellschaftlicher Verantwortung durch Unternehmen zu verstehen (Huber et al., 2014, S. 11). Auch wenn es wahrscheinlich in der Vergangenheit schon Unternehmen gab, die Verantwortung und Engagement in der Gesellschaft bewiesen, beginnt die Forschung zu CSR verstärkt ab Mitte des 20. Jahrhunderts (Carroll, 1999, S. 268). Als Ausgangspunkt lässt sich eine Arbeit von *Bowen (1953)* ausmachen, in der er die Meinung vertritt, dass Unternehmen die Verpflichtung bzw. Verantwortung haben, ihr Handeln in Einklang mit den Zielen und Werten der Gesellschaft zu bringen (Carroll, 1999, S. 269f.).

Basierend auf dieser Definition von CSR hat sich in den darauffolgenden Jahren das Verständnis dieses Konzepts weiterentwickelt. Eine einheitliche, allgemein anerkannte Definition des Begriffs CSR existiert jedoch bis heute nicht (Jones et al., 2009, S. 301; Lin-Hi & Müller, 2013, S. 1928). Für das Verständnis der verschiedenen Aspekte im Rahmen von CSR ist die Charakterisierung nach *Carroll (1979, S. 500)* hilfreich, der CSR wie folgt definiert: „The social responsibility of business encompasses the economic, legal, ethical, and discretionary expectations that society has of organizations at a given point in time“. Demnach repräsentiert CSR eine ökonomische, rechtliche und ethische Komponente. Die vierte Kategorie (discretionary expectations) wurde später zu einer „philanthropischen“ Komponente erklärt (Carroll, 1999, S. 286). Diese vier Facetten lassen sich graphisch in einer Pyramide veranschaulichen, wie *Abbildung 1* zeigt. Das Fundament bildet die ökonomische Komponente, die daraus besteht, dass Produkte oder Dienstleistungen angeboten werden, durch deren Verkauf ein Profit generiert wird (Carroll, 1999, S. 283). Ohne die Erfüllung dieser Aufgabe kann ein Unternehmen in einem kapitalistischen Wirtschaftssystem langfristig nicht existieren und alle weiteren CSR-Kategorien wären somit hinfällig (Carroll, 1999, S. 283). Es gilt an dieser Stelle anzumerken, dass es in der wirtschaftswissenschaftlichen Literatur auch Autoren gibt, die die ökonomische Verantwortung nicht als Teil von CSR betrachten, da sie unterstellen, dass die Anstrengungen eines Unternehmens auf diesem Gebiet ausschließlich eigensinnigen Interessen folgen und damit den CSR-Kriterien nicht gerecht werden (Carroll, 1999, S. 287). Unstrittig ist dagegen, dass sich ein Unternehmen bei der Ausübung seiner Geschäftstätigkeit, wie jeder Bürger auch, an die gesetzlichen Rahmenbedingungen halten muss (Carroll, 1999, S. 283). Gesellschaftliche Verantwortung meint allerdings nicht nur das Einhalten von kodifizierten Gesetzen, sondern geht darüber hinaus. Von einem Unternehmen wird ebenso erwartet, dass es seiner ethischen Verantwortung nachkommt und somit sein Handeln an ethischen Normen und Standards ausrichtet, die nicht gesetzlich festgelegt sind (Carroll, 1991, S. 41). An oberster Stelle der CSR-Pyramide steht die philanthropische Verantwortung. Darunter sind Maßnahmen zu verstehen, die das menschliche Wohlergehen fördern. Derartige Aktivitäten unterscheiden sich von der ethischen Verantwortung dadurch, dass sie von der Gesellschaft im moralischen Sinne nicht erwartet werden (Carroll, 1991, S. 42). Die Klassifizierung von CSR in vier Komponenten soll deutlich machen, dass sich die gesellschaftliche Verantwortung eines Unternehmens aus unterschiedlichen Bereichen zusammensetzt. Nach Carrolls Auffassung sollten Unternehmen die Elemente der CSR Pyramide nicht sequentiell erfüllen, sondern ihrer Verantwortung jederzeit in allen vier Kategorien gleichzeitig nachkommen. *Carroll (1991, S. 43)* konstatiert daher: „the CSR firm should strive to make a profit, obey the law, be ethical, and be a good corporate citizen".Aufbauend auf der wissenschaftlichen Forschung haben sich auch die Politik und Nichtregierungsorganisationen (NGOs) mit der Beziehung zwischen Unternehmen und Gesellschaft auseinandergesetzt. Einflussreiche Organisationen wie z.B. die Vereinten Nationen (UN), die Organisation für wirtschaftliche Zusammenarbeit und Entwicklung (OECD) oder die Europäische Kommission haben in diesem Zusammenhang Verhaltenskodizes und Leitsätze formuliert, an denen sich Unternehmen in ihrer CSR-Politik orientieren können (Europäische Kommission, 2001; OECD, 2011; UN Global Compact, 2014). Auch auf politischer Ebene existiert keine allgemein anerkannte Definition für den Begriff CSR. In Europa steht CSR „für ein Konzept, das den Unternehmen als Grundlage dient, auf freiwilliger Basis soziale Belange und Umweltbelange in ihre Unternehmens tätigkeit und in die Wechselbeziehungen mit den Stakeholdern zu integrieren" (Europäische Kommission, 2001, S. 7). Knapp ist CSR durch die Europäische Kommission 2011 auch als „die Verantwortung von Unternehmen für ihre Auswirkungen auf die Gesellschaft" definiert (Europäische Kommission, 2011, S. 7). Aus Gründen der Aktualität und der weitreichenden Gültigkeit (Dahlsrud, 2008, S. 7f.), folgt diese Studie der Definition der Europäischen Kommission aus dem Jahr 2011.

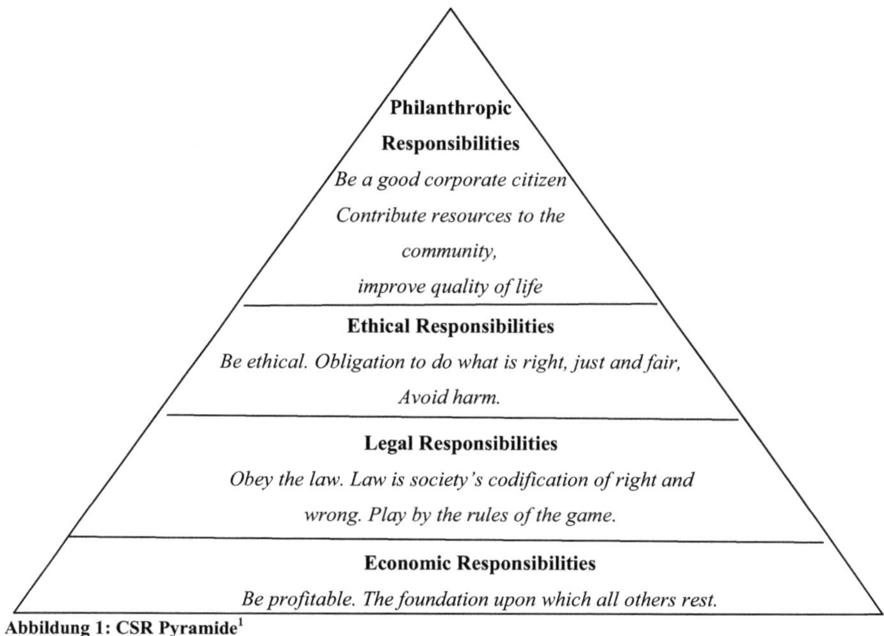

Abbildung 1: CSR Pyramide[1]

Im Rahmen der wissenschaftlichen Forschung zu CSR konnten für Unternehmen vielfältige positive Effekte nachgewiesen werden. So gehen CSR-Assoziationen mit einer grundsätzlich positiven Bewertung des Unternehmens einher (Brown & Dacin, 1997, S. 80; Klein & Dawar, 2004, S. 209f.). Weiterhin hat das Image als verantwortungsvolles Unternehmen einen positiven Einfluss auf die Kundenzufriedenheit (Luo & Bhattacharya, 2006, S. 10f.). Wie die Stu-

[1] Eigene Abbildung in Anlehnung an Carroll, 1991, S. 42.

die von *Luo & Bhattacharya (2006, S. 13)* darüber hinaus zeigt, beeinflusst die durch CSR erreichte Kundenzufriedenheit auch positiv den Marktwert eines Unternehmens. Es trägt zur Identifikation mit dem Unternehmen bei und fördert die Konsumbereitschaft (Bhattacharya & Sen, 2001, S. 238; Mohr et al., 2001, S. 67f.). Ferner wirkt sich proaktives CSR auf unternehmerische Krisensituationen abmildernd aus (Klein & Dawar, 2004, S. 204; Minor & Morgan, 2011, S. 55).

Auch wenn die positiven Auswirkungen von CSR klar identifiziert sind, verhalten sich Unternehmen in der Realität jedoch nicht immer verantwortungsvoll: Es tritt Corporate Social Irresponsibility (CSI) auf. Eine der ersten Arbeiten zu CSI stammt von *Ferry (1962, S. 66)*, nach dem Unverantwortlichkeit eines Unternehmen durch unethisches und moralisch widerwärtiges Verhalten gekennzeichnet ist. Typische Ausprägungen sind Selbstgerechtigkeit, Scheinheiligkeit sowie die Verachtung des Gemeinwohls (Ferry, 1962, S. 66). Anzumerken ist, dass CSI nicht zwangsläufig mit gesetzeswidrigen Handlungen gleichzusetzen ist (Lin-Hi & Müller, 2013, S. 1932). Ein Unternehmen kann sich zur gleichen Zeit legal und trotzdem unverantwortlich verhalten. Ein Beispiel hierfür ist die Aufnahme überhöhter, aber legaler Risiken einiger Kreditinstitute, die damit den gesamten Finanzsektor an den Rand des Zusammensturzes brachten (Lin-Hi & Müller, 2013, S. 1932). Die daraus resultierenden negativen Auswirkungen bekam letztlich ein großer Anteil der Gesellschaft zu spüren. *Ferry (1962, S. 66)* zufolge stellt Unverantwortlichkeit die Antithesis zu Verantwortlichkeit dar. Eine ähnliche Sichtweise findet sich bei *Jones et al. (2009, S. 305)*, die CSR und CSI als die beiden Extrempunkte eines Kontinuums betrachten. Unternehmen bewegen sich demnach in der Realität entlang dieses Kontinuums und werden dabei von Faktoren wie Politik, Gesetzgebung, Technologie, Finanzen, Ökonomie und Kultur beeinflusst (Jones et. al., 2009, S. 305). *Tabelle 1* stellt beispielhaft einige Positionen der beiden Extreme gegenüber. Es ist wichtig darauf hinzuweisen, dass CSI und CSR eine asymmetrische Wirkung auf den Beobachter ausüben. Darunter ist zu verstehen, dass negative CSR-Informationen stärker wirken im Vergleich zu positiven Informationen, da sie in der Regel dazu führen, dass sich der Beobachter intensiver damit auseinandersetzt (Bhattacharya & Sen, 2001, S. 238; Klein & Dawar, 2004, S. 215; Lange & Washburn, 2012, S. 301).

CSI ⟶	**CSR**
Arbeitnehmer sind eine Ressource, die man sich zunutze machen sollte.	Arbeitnehmer sind eine Ressource, die es wertzuschätzen gilt.
Umweltzerstörung und -verschmutzung sind unvermeidlich und dagegen lässt sich wenig bis gar nichts tun.	Umweltzerstörung und -verschmutzung müssen nicht zwangsläufig sein und sollten nicht toleriert werden. Es ist wichtig dafür ein Bewusstsein zu schaffen und dagegen vorzugehen.
Nachhaltigkeit bezieht sich auf das wirtschaftliche Überleben.	Nachhaltigkeit bezieht sich auf die Wirtschaftlichkeit, die Umwelt, die Gemeinschaft und das gemeinsame Wachstum.
Profit ist der einzige Zweck von Unternehmen und soll um jeden Preis erzielt werden.	Profit ist für Unternehmen ein Zweck unter mehreren und sollte erzielt werden, aber nicht um jeden Preis.

Tabelle 1: CSI - CSR Positionen[2]

Die oben dargelegten Überlegungen zur Gegensätzlichkeit von CSR und CSI sowie deren asymmetrischer Wirkung führen zu folgendem Ergebnis: Die Vermeidung von CSI stellt eine Grundvoraussetzung dar, um auf lange Sicht als verantwortungsvolles Unternehmen wahrgenommen zu werden (Lin-Hi & Müller, 2013, S. 1928). Der Fokus der CSR-Forschung lag allerdings lange Zeit fast ausschließlich auf verantwortungsvollem Unternehmensverhalten (Lange & Washburn, 2012, S. 300). Verstärkt durch die zunehmende Aufdeckung von unverantwortlichem Verhalten wie z.B. Preisabsprachen, Korruptionsskandalen oder Umweltkatastrophen, in die Unternehmen involviert waren, ist das Interesse an der Erforschung von CSI in den letzten Jahren gestiegen (Lin-Hi & Müller, 2013, S. 1929; Murphy & Schlegelmilch, 2013, S. 1808). In verschiedenen Arbeiten haben sich Forscher damit beschäftigt, wie sich CSI charakterisieren lässt, was die Gründe für das Auftreten von CSI sind, welche Möglichkeiten zur Verhinderung von CSI sinnvoll sind und welcher Zusammenhang zwischen CSI und Unternehmenserfolg besteht (Lin-Hi & Müller, 2013, S. 1932)[3]. Es konnte gezeigt werden, dass unverantwortliches Verhalten eines Unternehmens negative Auswirkungen auf des-

[2] Eigene Darstellung, in Anlehnung an Jones et al., 2009, S. 304.
[3] Für eine Zusammenfassung der CSI-Forschung siehe Lin-Hi & Müller, 2013, S. 1930f.

sen finanzielle Performance hat (Frooman, 1997, S. 241; Muller & Kräussl, 2011, S. 924; Oikonomou et al., 2012, S. 512).

Ein weiterer Forschungszweig befasst sich mit der kognitiven Verarbeitung von CSI-Informationen durch den Konsumenten und den dabei entstehenden Emotionen. In Abhängigkeit der Schwere des Vergehens ruft die Konfrontation mit CSI beim Beobachter moralische Emotionen, wie Verachtung, Verärgerung und Empörung hervor (Grappi et al., 2013, S. 1815; Lindenmeier et al., 2012, S. 1369). Dies führt zu einer negativen Konsumentenreaktion, die sich z.B. in Form von negativem Word-of-Mouth (WOM) (Grappi et al., 2013, S. 1819) oder einer erhöhten Boykott-Bereitschaft zeigt (Lindenmeier et al., 2012, S. 1369). Es wird deutlich, dass das Auftreten von CSI einem Unternehmen großen Schaden zufügen kann und deshalb vermieden werden sollte.

Trotz großer Bemühungen CSI zu verhindern, lässt es sich in manchen Fällen für Unternehmen nicht vermeiden, darin verwickelt zu werden (Lin-Hi & Müller, 2013, S. 1932). Externe Ursachen, wie z.B. Naturkatastrophen, können ferner für ein Ereignis verantwortlich sein und es kommt zu einem vom Unternehmen unbeabsichtigten Schaden anderer (Lin-Hi & Müller, 2013, S. 1932). Unternehmen verhalten sich somit, wie die Realität zeigt, in vielen Fällen sowohl gesellschaftlich verantwortlich als auch unverantwortlich. Vor diesem Hintergrund überrascht es, dass sich die CSR-Forschung bisher nahezu ausschließlich entweder auf positive oder auf negative Informationen fokussiert hat, aber kaum beide Ausprägungen gleichzeitig betrachtet. Es stellt sich somit die Frage, ob sich hinter einer zwiespältigen Botschaft, die aus Konsumentensicht gar als scheinheilige Täuschung wahrgenommen werden könnte, Gefahren für Unternehmen verbergen. Da diese Arbeit sich dieses Thema zum Ziel gesetzt hat, werden im Folgenden, zum weiteren Verständnis des Untersuchungsgegenstands, die konzeptionellen Grundlagen von unternehmerischer Scheinheiligkeit betrachtet.

2.2. Das Phänomen unternehmerischer Scheinheiligkeit

Zu Beginn dieses Kapitels wird nun der Begriff *Scheinheiligkeit* näher erläutert und der aktuelle Forschungstand präsentiert. Dabei erfolgt zunächst die Beschreibung einer allgemeinen, durch die Philosophie und Psychologie geprägten Sichtweise, ehe speziell auf die Anwendung dieses Phänomens in der Konsumentenforschung und im Marketing eingegangen wird.

Der englische Begriff *Hypocrisy*, auf Deutsch *Scheinheiligkeit* oder *Heuchelei*, stammt ursprünglich vom griechischen Wort „hypokrisis", worunter das Spielen eines Theaterstückes auf einer Bühne verstanden wurde (Barden et al., 2005, S. 1463). Wie der Wortursprung nahe legt, tritt Scheinheiligkeit dann auf, wenn eine Person vorgibt etwas zu sein, was sie nicht ist. Ein Schauspieler schlüpft vor seinem Publikum in eine Rolle und verhält sich dieser entsprechend auf der Bühne. Im privaten Umfeld verhält er sich jedoch wahrscheinlich anders (Barden et al., 2005, S. 1463). Die Untersuchung dieses Phänomens fand bisher hauptsächlich auf dem Gebiet der Philosophie und Psychologie statt. Die wissenschaftliche Forschung hat sich in diesem Zusammenhang mit dem Auftreten zweier Formen von Scheinheiligkeit auseinandergesetzt. Auf der einen Seite steht die selbstbezogene Scheinheiligkeitswahrnehmung (Fried & Aronson, 1995, S. 930). Auf der anderen Seite stellen einige Studien die Auswirkungen für eine Person in den Mittelpunkt, die das Beobachten von Scheinheiligkeit bei anderen bewirkt (Barden et al., 2005, S. 1464). Da im Rahmen der vorliegenden Studie die Ursachen und Auswirkungen von scheinheiligem Verhalten bei Unternehmen und die daraus resultierende Konsumentenreaktion untersucht werden sollen, ist der zweite Ansatz, der sich mit der Beobachtung von Scheinheiligkeit bei anderen Personen beschäftigt, relevant.

Die Ursachen der Scheinheiligkeitswahrnehmung wurden bereits von *Alicke et al.* (2013, S. 688ff.) untersucht. Die Autoren konnten empirisch mehrere Einflussfaktoren identifizieren, deren Bedeutung bereits in der Philosophie erkannt wurde. Die Ergebnisse demonstrieren, dass die Scheinheiligkeitswahrnehmung bei einer anderen Person von endogenen Faktoren, wie dem Grad der Diskrepanz zwischen Wort und Tat und der fehlenden Willensstärke bei der Umsetzung der Worte in Taten, abhängt. In bestimmten Situationen wird sie auch von dem beobachteten Selbstbetrug beeinflusst (Alicke et al., 2013, S. 680-684). Daneben spielen auch exogene Faktoren für das wahrgenommene Ausmaß an Scheinheiligkeit eine Rolle. Verhält sich eine Person in einer Situation, aufgrund konkurrierender, unvereinbarer Werthaltungen, inkonsistent, sind die Motive hinter dem widersprüchlichen Verhalten für die Scheinheiligkeitsbewertung von Bedeutung. Ferner weisen die Autoren auf den positiven Zusammenhang zwischen der Schwere des Vergehens und der wahrgenommenen Scheinheiligkeit hin (Alicke et al., 2013, S. 686ff.).

Alicke et al. (2013) haben sich in erster Linie mit Faktoren beschäftigt, die zur Wahrnehmung von Scheinheiligkeit führen bzw. die Wahrnehmungsstärke beeinflussen. Aus einer etwas anderen Richtung nähern sich *Laurent et al. (2014)* dem Konstrukt Scheinheiligkeit, indem sie sich den Auswirkungen widmen, die durch die Scheinheiligkeitsbeobachtung bei einer anderen Person entstehen. Wie diese Studie zeigt, werden durch das Auftreten von Scheinheiligkeit moralische Emotionen wie „Verärgerung“ und „Empörung“ hervorgerufen (Laurent et al., 2014, S.78). Diese Emotionen haben eine zentrale Bedeutung, denn sie beeinflussen die wahrgenommene Schuldhaftigkeit sowie das als angemessen empfundene Strafmaß in Bezug auf die scheinheilige Person. Dabei erklären die Autoren, dass der Bestrafungswunsch bezüglich einer als scheinheilig identifizierten Person größer ausfällt, im Vergleich zu einer Person, die zwar die gleiche Tat begeht, sich dabei aber nicht inkonsistent zu ihren vorherigen Aussagen verhält (Laurent et al., 2014, S.71).

In der Literatur werden neben den Auswirkungen von Scheinheiligkeitswahrnehmung spezielle situative Bedingungen genannt, welche für die Konsequenzen der Scheinheiligkeitsempfindung von besonderer Relevanz sind. Ganz elementar ist hierbei der Effekt der Reihenfolge der Aussage einer Person über ihr Verhalten und ihrem tatsächlichen Verhalten. Dieser sogenannte „Order-Effect“ beinhaltet, dass die Scheinheiligkeit als größer empfunden wird, wenn zuerst das Statement und danach eine widersprüchliche Handlung folgt (Barden et al., 2005, S. 1471). Gemeinhin bezeichnet man diese Handlungsfolge als die „proaktive Strategie“. Im Gegensatz dazu wird die Scheinheiligkeit infolge einer reaktiven Strategie (die Stellungnahme reiht sich dabei an die Handlung an) in geringerem Maße wahrgenommen.

Generell wurden in der Forschung sowohl Einflussfaktoren als auch Auswirkungen und situative Bedingungen von Scheinheiligkeit aus psychologischer und philosophischer Perspektive umfangreich untersucht und diskutiert. Bei fast allen betrachteten Studien liegt das Interesse dabei ganz allgemein in der Beobachtung von scheinheiligem Verhalten von Personen. Lediglich *Laurent et al. (2014, S. 73)* beziehen in einer Teilstudie neben Einzelpersonen auch Unternehmen als Akteure von scheinheiligem Verhalten mit ein, ohne dabei jedoch ausführlich auf die Besonderheiten von Unternehmen einzugehen. Auf dem Gebiet der Marketingforschung haben *Wagner et al. (2009, S. 79)* mit einer empirischen Studie zuvor bereits gezeigt, dass Scheinheiligkeit nicht nur bei Individuen, sondern ebenso bei Unternehmen auftreten kann. Dahinter steckt die Überlegung, dass Unternehmen als kohärente, uniforme Einheiten wahrgenommen werden, die ähnlich wie Einzelpersonen bestimmte Eigenschaften und Charakteristika aufweisen (vgl. hierzu auch Aaker, 1997, S. 347). Ähnlich wie bei Personen tritt unternehmerische Scheinheiligkeit immer dann auf, wenn vom Unternehmen getätigte Aussagen inkonsistent zu dessen beobachtbarem Verhalten sind (Wagner et al., 2009, S. 79). Bezogen auf CSR liegt somit Scheinheiligkeit vor, wenn ausgesprochene CSR-Versprechen des Unternehmens in Widerspruch zu den tatsächlichen Handlungen stehen, d.h. es wird eine inkonsistente CSR-Politik betrieben (Wagner et al., 2009, S. 78). Die Autoren sprechen in diesem Zusammenhang von *Corporate Hypocrisy* und definieren dieses Phänomen „as the belief that a firm claims to be something that it is not"(Wagner et al., 2009, S. 79). Im Deutschen findet sich dieser Begriff auch unter der Bezeichnung *„unternehmerische Scheinheiligkeit"* wieder (Huber et al., 2014, S. 7). In Übereinstimmung damit wird im weiteren Verlauf der Studie ebenso der genannte deutsche Begriff für das Phänomen *Corporate Hypocrisy* verwendet.

Die Studie von *Wagner et al. (*2009) ist somit wegweisend für den Bereich der Konsumentenforschung, die sich mit dem Phänomen der unternehmerischen Scheinheiligkeit beschäftigt. Ihre Erkenntnisse sind somit zentral für vorliegende Studienarbeit. Im Zusammenhang mit der Wahrnehmung von unternehmerischer Scheinheiligkeit konnten die Autoren negative Auswirkungen auf die konsumentenseitige Unternehmensbewertung feststellen. Sowohl die Einstellung zu dem Betrieb als auch die CSR-Beliefs, welche die allgemeinen CSR-Vorstellungen zum Unternehmen umfassen (Wagner et al., 2009, S. 81), sind davon betroffen.

In Ergänzung zu der Erforschung der Wirkungsweisen von Scheinheiligkeitswahrnehmung aus Sicht der Konsumenten hat sich bestätigt, dass das wahrgenommene Scheinheiligkeitsausmaß und die daraus resultierenden negativen Effekte auf die Unternehmensbewertung mit bestimmten situativen Bedingungen in Zusammenhang stehen. *Wagner et al.* (2009, S. 85f.) erklären dabei, dass der oben beschriebene „Order Effect" ähnlich wie bei Personen auch für Unternehmen gilt: Die wahrgenommene Scheinheiligkeit fällt bei einer proaktiven Kommunikationsstrategie größer aus als bei einer reaktiven Strategie (Wagner et al, 2009, S. 82f.).

Allerdings lassen sich durch eine intensive Sichtung der Literatur zur CSR bzw. CSI-Forschung auch Untersuchungslücken im Zusammenhang mit dem Phänomen unternehmerischer Scheinheiligkeit erkennen. Denn neben der wegweisenden Arbeit von *Wagner et al.* (2009) konnte in der Konsumentenverhaltensforschung lediglich eine weitere Studie von Huber et al. (2014) identifiziert werden, welche die Auswirkungen von unternehmerischer Scheinheiligkeit analysiert. Darin wurden die Beziehungen zwischen unternehmerischer Scheinheiligkeit und Empörung sowie negativem WOM geprüft, wobei jedoch kein signifikanter Effekt entdeckt wurde (Huber et al., 2014, S. 48). Diese Ergebnisse stehen im Widerspruch zu den Erkenntnissen von *Laurent et al.* (2014) und rufen damit zu erneuter Überprüfung der postulierten Kausalität auf. Nebst dem allgemeinem Forschungsbedarf fordern auch *Wagner et al.* (2009) dazu auf die Wirkungsweisen von unternehmerischer Scheinheiligkeit auf den Konsumenten genauer zu beleuchten. Primär erscheint die Untersuchung der Konsequenzen für die Unternehmensglaubwürdigkeit von Relevanz. Daneben nennen sie weitere Forschungsziele, wie die Analyse des negativen Übertragungseffekts auf die Produktqualität oder die Relevanz des Konsenses zwischen Kerngeschäft und CSR-Aktivität.

Ferner lassen sich durch die Limitationen der Studie von *Wagner et al.* (2009, S.80) weitere Forschungslücken ableiten. Ihre Studie wurde in den USA durchgeführt. Ferner wählten sie als Untersuchungsobjekt ein fiktives Unternehmen im Einzelhandel. Diese Bedingungen erscheinen sehr speziell. Da zu vermuten ist, dass die Wahrnehmung von Scheinheiligkeit sehr stark von den persönlichen Werten und Eigenschaften des Beobachters beeinflusst wird (Alicke et al., 2013, S. 690) und diese zwischen Menschen mit unterschiedlichem kulturellem Hintergrund voneinander abweichen können (Hall, 1994; Hofstede, 2003), ist eine Ausweitung der Untersuchung auf andere Kulturkreise erforderlich (Wagner et al., 2009, S. 89). Weiterhin ist die Studie von *Wagner et al. (2009)* bezüglich der verwendeten Stichprobe nicht nur hinsichtlich des Landes limitiert, sondern besteht zudem ausschließlich aus Studenten. Durch die Integration anderer Berufsgruppen in die Analyse kann eine weitere Forschungslücke geschlossen werden. Letztlich wird empfohlen, das Phänomen unternehmerischer Scheinheiligkeit in einer langfristig angelegten Studie zu untersuchen, um Erkenntnisse zur Wirkung von mehrfachen bzw. regelmäßigen CSR-Informationen zu gewinnen (Wagner et al., 2009, S. 89). Ziel dieser Arbeit ist es einige der vorgestellten Forschungslücken zu schließen.

Nachdem nun das Phänomen unternehmerischer Scheinheiligkeit sowie damit in Zusammenhang stehende Forschungsarbeiten vorgestellt wurden, dienen die nachfolgenden theoretischen Grundlagen zum weiteren Verständnis der zu untersuchenden Ursache-Wirkungsbeziehungen. Als Basis für die Bewertung von CSI und unternehmerischer Scheinheiligkeit aus Konsumentensicht stellt die Attributionstheorie einen geeigneten theoretischen Rahmen dar. Dieser Ansatz dient als Ausgangspunkt der vorliegenden Studie. Er erklärt, wie und warum es auf der Seite des Konsumenten grundsätzlich zu Wahrnehmung von unternehmerischer Scheinheiligkeit kommen kann. Die Social Idenitity Theory stellt das zweite theoretische Fundament dieser Studie dar. Dieser Ansatz erklärt den Einfluss von Gruppenidentitäten auf das Konsumentenverhalten und wird in Kapitel 2.4 vorgestellt. Anschließend soll mit der Appraisal Theorie in Kapitel 2.5 für den Leser eine Grundlage für die Erklärung der psychologischen Vorgänge des mentalen Bewertungsprozesses von unternehmerischer Scheinheiligkeit geschaffen werden.

2.3. Die Attributionstheorie

Die Ansätze, die in der Sozialpsychologie unter dem Begriff Attributionstheorie zusammengefasst werden, beschäftigen sich mit der Untersuchung von wahrgenommener Kausalität (Kelley & Michela, 1980, S. 458). Ausgangspunkt ist die Annahme, dass der Mensch bestrebt ist, beobachtete Verhaltensweisen erklären zu können, um daraus Rückschlüsse über andere Personen und deren Umwelt zu ziehen, die es ihm erlauben auch zukünftiges Verhalten besser vorherzusagen (Hamilton, 1980, S. 767f.). Dazu beobachtet er seine Umwelt sowie das Verhalten anderer Menschen und schreibt Ereignissen bzw. Handlungen einer Ursache zu. In der Psychologie wird eine solche Zuschreibung als Attribution bezeichnet (Huber et al, 2014 S. 14). Ziel hierbei ist es, durch die wahrgenommene Ursächlichkeit einer Handlung bzw. eines Ereignisses bestimmte Verhaltensweisen erklären und somit auch besser kontrollieren zu können (Weiner, 1985, S. 548f.). Zunächst beschäftigt sich die Attributionstheorie mit der Frage, wie Personen kausale Erklärungen begründen, also Fragen beantworten, die mit dem Wort *warum* beginnen (Kelley, 1973, S. 107). Zu Beginn des Kapitels wurde bereits angedeutet, dass es nicht nur eine Attributionstheorie gibt, wie der Begriff fälschlicherweise suggeriert. Vielmehr existiert eine ganze Reihe von Ansätzen bei denen die Erklärung der wahrgenommenen Kausalität im Mittelpunkt steht (Kelley, 1973, S. 108). Gemeinsamer Ausgangspunkt ist die Annahme, dass Individuen beobachtetes Verhalten immer in Bezug auf die dahinter stehenden Ursachen interpretieren (Kelley & Michela, 1980, S. 458). Da verschiedene Personen unterschiedliche Ursachen für dasselbe Verhalten in Erwägung ziehen können, sind auch verschiedene Interpretationen derselben Situation möglich. Die Reaktion der beobachtenden Person auf ein Ereignis oder eine Situation basiert auf der persönlichen Interpretation (Kelley & Michela, 1980, S. 458). Um einen genaueren Überblick zur Attributionstheorie zu erhalten, werden im Folgenden einige in der wissenschaftlichen Literatur häufig zitierten und im Zusammenhang mit der vorliegenden Studie als wichtig erachtete Ansätze der Attributionstheorie genauer vorgestellt.

Die Attributionstheorie geht ursprünglich zurück auf den Sozialpsychologen *Fritz Heider*, der sich der Untersuchung von interpersonalen Beziehungen widmete. Anders als in der Sozialpsychologie bis dahin üblich, fokussierte sich *Heider* (1958, S. 3) auf die Untersuchung der Interaktion zwischen lediglich zwei Personen, anstatt Personen innerhalb einer ganzen Gruppe zu beobachten. Es wird davon ausgegangen, dass der Mensch neugierig auf menschliche Beziehungen reagiert und an diesen ein grundsätzliches Interesse besitzt (Heider, 1958, S. 2). Weiterhin stellt *Heider* fest, dass jeder gewöhnliche Mensch ein ebenso beträchtliches wie tiefgreifendes Verständnis, sowohl von sich selbst als auch von anderen Personen hat (Heider, 1958, S. 2). Dadurch ist eine Person ohne wissenschaftliche Analyse in der Lage zu erkennen, wann eine andere Person z.B. verärgert oder erfreut ist. Hinzu kommt, dass der Mensch in den meisten Fällen die Fähigkeit besitzt für die Gründe, also das *Warum*, seiner Handlungen und Gefühle sinnvolle Erklärungen zu liefern (Heider, 1958, S.2). Somit kommt jedem Menschen im Alltag die Rolle eines Psychologen zu, weshalb *Heider* in diesem Zusammenhang von „common-sense-psychology" bzw. „naiver Psychologie" spricht (Heider, 1958, S. 4). Auch wenn der „naive Wissenschaftler" im Alltag seine Gedanken nicht schriftlich festhält, bildet er intuitiv stets Vorstellungen über andere und interpretiert deren Verhalten. Der Zweck ist, eine ausreichende Beschreibung des Sachverhalts zu erhalten, auf deren Basis sich in der Zukunft eine Vorhersage treffen lässt, wie sich die beobachtete Person in bestimmten Situationen verhalten wird (Heider, 1958, S. 5). Entscheidend ist dabei welche Ursachen hinter einer beobachteten Handlung bzw. dem Handlungsresultat vermutet werden, wobei insbesondere der Ort der Kausalität eine wichtige Rolle spielt. *Heider (1958, S. 82)* differenziert im Zusammenhang mit dem Ort der Kausalität zwischen internen, innerhalb einer Person zu suchenden Faktoren und externen, umweltbezogenen Faktoren (Kelley, 1973, S. 107). Ein bestimmtes Handlungsresultat kann demnach auf persönliche oder situative Einflussgrößen zurückgeführt werden. Für die attribuierende Person ist es bereits ausreichend, die Ursächlichkeit auf Faktoren aus einer der beiden Gruppen zurückzuführen auch wenn ebenso die Kombination von persönlichen und umweltbezogenen Faktoren möglich ist (Raab & Unger, 2005, S. 78).Geprägt durch die Arbeit *Heiders* erweiterte *Kelley (1973, S. 108)* die Attributionstheorie, indem er zwischen Attributionen aufgrund von einmaliger Beobachtung und Attributionen auf der Basis von mehrmaligen Beobachtungen unterscheidet. Besitzt der Attribuierende Informationen zu einem Handlungsresultat aus mindestens zwei Beobachtungszeitpunkten kommt das Kovariationsprinzip zum Tragen. Dieses besagt, dass aus einer Reihe potentieller Ursachen, diejenige einem Effekt zugeschrieben wird, mit der dieser Effekt besonders oft gemeinsam auftritt, also kovariiert (Kelley, 1973, S. 108). Dieses Prinzip soll im Folgenden an einem Beispiel verdeutlicht werden. Angenommen eine Person verhält sich zu mehreren Zeitpunkten gegenüber vielen verschiedenen Personen aggressiv, so lässt sich daraus schließen, dass bei dieser Person eine allgemeine Bereitschaft zu aggressivem Verhalten vorliegt. Zeigt die Person dagegen über alle Beobachtungszeitpunkte hinweg nur gegenüber bestimmten Personen aggressives Verhalten, wird der Beobachter diese Personen als Ursache für die Aggressivität interpretieren. Alternativ könnte sich die Person, anstatt gegenüber bestimmten Personen, nur zu bestimmten Zeitpunkten und damit verknüpften Situationen aggressiv gegenüber anderen verhalten. Dementsprechend würde in diesem Fall die Aggressivität einem bestimmten Zeitpunkt bzw. dieser Situation zugeschrieben werden (Raab & Unger, 2005, S. 84f.).

Dem Beobachter stehen jedoch für die Situationsbewertung nicht immer Informationen über mehrere Zeitpunkte hinweg zur Verfügung. Wird auf der Basis einer einzigen Handlungsbeobachtung auf deren Ursache geschlossen, erfolgt die Attribution nach dem Konfigurationsprinzip (Kelley, 1973, S. 113). In diesem Zusammenhang spielt das von Kelley entwickelte Konzept „kausaler Schemata" eine wichtige Rolle. Dieses beschreibt, welche allgemeinen Vorstellungen eine Person darüber hat, wie zwei oder mehr Ursachenfaktoren zusammenwirken und für das Auftreten eines Ereignisses verantwortlich sind (Kelley, 1972, S. 2; Kelley & Michela, 1980, S. 471). Da nur eine Beobachtung zur Verfügung steht, liegen dem Attributor unvollständige Informationen vor. In der Vergangenheit hat er jedoch durch die häufige Beobachtung unterschiedlicher Ereignisse und damit in Beziehung stehender Ursachen Erfahrungen gewinnen können, aus denen sich allgemeine Annahmen zu verschiedenen Ursachenfaktoren ableiten lassen (Kelley, 1972, S. 2). Auf diese Weise ist er in der Lage ohne größeren Aufwand einem Ereignis, auch bei erstmaliger Beobachtung, eine oder mehrere Ursachen zuzuschreiben (Kelley, 1972, S. 2). Weiterhin ist im Rahmen des Konfigurationsprinzips von *Kelley* das Abwertungs- bzw. Aufwertungsprinzip von Bedeutung. Nach dem Abwertungsprinzip wird einer plausiblen Ursache für einen auftretenden Effekt weniger Gewicht beigemessen, wenn gleichzeitig auch noch andere plausible Ursachen vorliegen (Kelley, 1973, S. 113). Welche Erklärung am plausibelsten ist, hängt von den Meinungen, Erfahrungen und Vorurteilen einer Person ab. Ist eine Person z.B. der Meinung, dass gute Beziehungen zum Vorgesetzten, Fähigkeit und Motivation wichtig sind, um Karriere zu machen, wertet sie bei der Beförderung eines Konkurrenten die Faktoren Fähigkeit und Motivation ab, da ihr der erste Faktor am plausibelsten erscheint (Raab & Unger, 2005, S. 86). Ein anderer Fall tritt ein, wenn ein Ergebnis zustande kommt, obwohl ein entgegenwirkender Faktor zu beobachten ist (Kelley, 1973, S. 114). Nun kommt es zu einer Aufwertung derjenigen Faktoren, die, trotz der Hemmnisse, für das Zustandekommen des Effekts verantwortlich sind (Kelley & Michela, 1980, S. 470). Beobachtet eine Person beispielsweise bei einer anderen Person, zu der das Vorurteil besteht sie sei weniger leistungsfähig, in einer bestimmten Situation eine hohe Leistung, wird der Beobachter die Faktoren Glück oder fehlende Aufgabenschwierigkeit aufwerten (Raab & Unger, 2005, S. 86). Abschließend ist zu bemerken, dass das Abwertungsprinzip ein Schema multipler hinreichender Bedingungen impliziert (Kelley, 1973, S. 114). Ein Effekt kann durch mehrere hinreichende Ursachen hervorgerufen werden, wobei bereits jeder einzelne Faktor für das Ergebnis ausreichend ist. Das Schema multipler hinreichender Bedingungen wird meist bei weniger extremen Ereignissen angewendet (Kelley & Michela, 1980, S. 471). Dem gegenüber steht das „Schema multipler notwendiger Bedingungen", welches in der Regel bei extremeren Ereignissen zum Tragen kommt (Kelley & Michela, 1980, S. 471). Dieses setzt voraus, dass mehrere Faktoren nötig sind, um einen bestimmten Effekt auszulösen (Kelley & Michela, 1980, S. 115).

Einen weiteren Ansatz stellt das Attributionsmodell von *Weiner* dar. Gerade für die Untersuchung von Konsumentenverhalten bei unternehmensbezogenen Ereignissen ist dieses Modell hilfreich, da hier der Fokus nicht auf dem Attributionsprozess an sich, sondern auf den daraus resultierenden Konsequenzen liegt (Jorgensen, 1994, S. 348). Laut *Weiner (1985, S. 549)* erfolgt die Bewertung eines Ereignisses in Abhängigkeit der drei Dimensionen Ort („locus"), Stabilität („stability") und Kontrollierbarkeit („controllability"). Für den Ort der Kausalität existieren, angelehnt an *Heider*, die Ausprägungen intern und extern. Die Stabilitätsdimension richtet sich an die Häufigkeit mit der ein Ereignis auftritt (Weiner, 1985, S. 551). Schließlich unterscheidet *Weiner (1985, S. 551)* in seinem Modell anhand einer dritten Dimension zwischen interner und externer Kontrolle der Ursachen eines Ereignisses. So entsteht ein Schema, das für Leistungssituationen vorhersagt, welche Ursachen attribuiert werden. Dieses Attributionsmuster ist in *Tabelle 2* dargestellt.

	Intern	Extern
Stabil	Fähigkeit	Aufgabenschwierigkeit
Instabil	Anstrengung	Glück / Zufall
	Stabil	Instabil
Unkontrollierbar	Begabung	Ermüdung
Kontrollierbar	Langfristige Anstrengung/ Bequemlichkeit	Zeitweilige Anstrengung

Tabelle 2: Attributionsmuster für Leistungssituationen[4]

Daraus ist zunächst ersichtlich, dass ein interner Ort der Kausalität nicht zwangsläufig auch die interne Kontrollierbarkeit zur Folge hat. Dies wird an folgendem Beispiel deutlich. Fällt es einer Person leicht Mathematikaufgaben zu lösen, da sie in diesem Fach eine besondere Begabung besitzt, liegen die Ursachen hierfür zwar intern bei der Person, sind jedoch für diese nicht kontrollierbar (Weiner, 1985, S. 551). Eine gute Note in einer Matheklausur wird dagegen mit dem Faktor Glück bzw. Zufall erklärt, wenn dies z.B. selten vorkommt, also instabil ist und ein externer Ort der Kontrolle vorliegt. Es lässt sich daraus abgeleitet vorhersagen, in welcher Art und Weise Konsumenten auf negative Unternehmensinformationen bzw. CSI reagieren (Klein & Dawar, 2004, S. 205). Bei internem Ort sowie stabilen und kontrollierbarem Verhalten neigen Personen dazu die Verantwortlichkeit eines Ereignisses diesem Akteur, d.h. in diesem Fall dem Unternehmen, zuzuschreiben. Handelt es sich dabei um nega-

[4] Eigene Abbildung in Anlehnung an Raab & Unger (2005, S. 90); Weiner (1986, S. 46).

tive Ereignisse, richten sich infolgedessen Schuldzuweisung und Verärgerung der Konsumenten an das Unternehmen (Klein & Dawar, 2004, S. 205).

Die Attributionstheorie ist für das Verständnis der Wirkung von CSI von zentraler Bedeutung, da sie begründet, wie die Zuweisung von Verantwortlichkeit und Schuld an einem Ereignis beim Menschen funktioniert. Daher stellt sie in mehreren Studien zu den Auswirkungen von CSI den grundlegenden Theorierahmen zur Erklärung der Reaktionen auf das Unternehmensfehlverhalten dar (Huber et al., 2014, S. 14ff; Klein & Dawar, 2004, S. 205ff.). Auch in der Arbeit von *Lange* und *Washburn* (2012 S. 301ff.) dient dieser Ansatz als theoretisches Rahmenwerk, welches speziell im Bereich CSI angewendet und erweitert wird. Die Autoren wählen hierbei drei Hauptfaktoren aus, die CSI Attributionen zugrunde liegen (Lange & Washburn, 2012, S. 304). Dazu zählen die Unerwünschtheit eines Ereignisses (Effect Undesirability), die wahrgenommene Schuld des Unternehmens sowie die Mitschuld der betroffenen Partei. Gemäß den Autoren ist für die Bildung von CSI-Attributionen eine Kombination dieser drei Faktoren nötig, wobei jeder einzelne Faktor zumindest in geringem Maße vorhanden sein muss. Für den Beobachter muss ein Ereignis dementsprechend mindestens ein wenig negativ und unerwünscht sein, das Unternehmen auf jeden Fall eine Teilschuld tragen sowie damit einhergehend die betroffene Partei nicht alleinverantwortlich für ihre missliche Lage sein (Lange & Washburn, 2012, S. 308).

Grundsätzlich ist zu den Erkenntnissen bezüglich des Attributionsprozesses anzumerken, dass dieser sowohl allgemein betrachtet als auch speziell im Zusammenhang mit CSI immer subjektiv und in Abhängigkeit persönlicher Erfahrungen und Interpretationen erfolgt (Lange & Washburn, 2012, S. 302). Vor diesem Hintergrund kann es leicht zu kognitiven Verzerrungen kommen. Bereits *Heider (1958)* spricht in seiner wegweisenden Arbeit den „fundamentalen Attributionsfehler" an. Dieser besagt, dass Personen bei kausalen Rückschlüssen dazu neigen, persönliche Faktoren zu überschätzen und situative Ursachen zu unterschätzen (Hamilton, 1980, S. 767). Eine weitere Form der systematischen Fehleinschätzung im Rahmen des Attributionsprozesses ist der sogenannte self-serving attributional bias. Diese kognitive Verzerrung besagt, dass die attribuierende Person Erfolg eher mit internen Faktoren begründet, während sie für Misserfolge externe Faktoren verantwortlich macht (Lange & Washburn, 2012, S. 314). Der self-serving attributional bias lässt sich am Beispiel eines Studenten und dessen Abschneiden bei einer Klausur verdeutlichen. Bei Vorliegen der genannten Verzerrung würde der Student im Falle einer schlechten Note z.B. die Art des Testverfahrens oder den strengen Prüfer als Begründung für das schlechte Abschneiden anführen. Schneidet derselbe Student dagegen mit einer guten Note ab, wird er dies eher auf seine Fähigkeiten oder seine Lernanstrengungen zurückführen (Huber et al., 2014, S. 16f.). Welche Rolle diese subjektiven kognitiven Verzerrungen für die Wahrnehmung von unternehmerischer Scheinheiligkeit und den anschließenden Unternehmensbewertungsprozess spielen, soll in dieser Studie genauer untersucht werden. Die nachfolgende Theorie der sozialen Identität kann dabei als Erklärungsansatz für den Einfluss von Gruppenidentitäten auf den Wahrnehmungs- und Bewertungsprozess von Konsumenten herangezogen werden.

2.4. Der Social Identity Approach

Der SIA entwickelte sich aus der sozialpsychologischen Forschung, wurde später jedoch auch in anderen Forschungsgebieten wie z.B. der Organisationspsychologie (Ashforth & Mael, 1989, S. 20; Bergami & Bagozzi, 2000, S. 557) oder im Marketing (Bhattacharya & Sen, 2001, S. 228; Bhattacharya & Sen, 2003, S. 76ff.) angewendet. Für das Verständnis der Wirkung von CSI ist sowohl die soziale Identifikation mit dem Opfer als auch mit dem betreffenden Unternehmen von großer Bedeutung (Lange & Washburn, 2012, S. 313). Im Rahmen der vorliegenden Studie spielt insbesondere die soziale Identifikation der Konsumenten mit dem in CSI verwickelten Unternehmen eine zentrale Rolle. Somit bildet der SIA neben der bereits vorgestellten Attributionstheorie den zweiten wichtigen Eckpfeiler für den theoretischen Unterbau des Untersuchungsmodells der vorliegenden Forschung und wird deshalb im Folgenden erläutert.

Unter dem Begriff des SIA sind die verwandten und deshalb teilweise synonym verwendeten Theorien Social Identity Theory (SIT) und Self-Categorization Theory (SCT) vereint. Der Unterschied zwischen beiden Konzepten, die sich auf eine Reihe gemeinsamer Annahmen und Hypothesen stützen, besteht in der Größe der Bezugsgruppe. Die SIT erklärt vor allem Beziehungen zwischen sozialen Gruppen. Dagegen ist die SCT breiter angelegt und untersucht soziale Beziehungen und die damit verbundenen kognitiven Prozesse auf einer allgemeineren Ebene (Haslam, 2004, S. 14 u. S. 29). *Abbildung 2* verdeutlicht diesen Sachverhalt. Eine Kombination beider Kreise in dem Schaubild ergibt schließlich das gesamte Erklärungs-

und Forschungsgebiet des SIA. Nachfolgend wird zunächst die SIT erläutert, ehe im Anschluss genauer auf die SCT eingegangen wird.

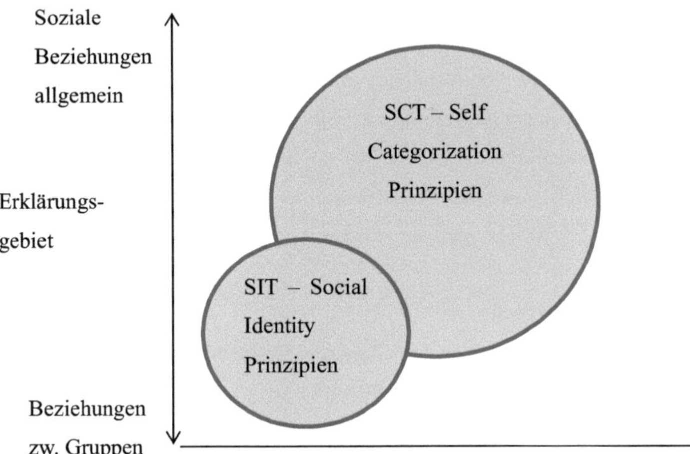

Abbildung 2: Erklärungsbereiche der SCT und SIT[5]

Grundgedanke der SIT ist, dass Menschen dazu neigen, sich selbst und andere Personen in sozialen Kategorien zu klassifizieren (Tajfel & Turner, 1979, S. 40). *Tajfel* und *Turner (1979, S. 40)* definieren eine Gruppe als Ansammlung von Individuen, die sich als Mitglieder derselben sozialen Kategorie betrachten und in diesem Zusammenhang eine emotionale Bindung teilen. Ferner liegt bei allen Mitgliedern einer Gruppe ein Mindestmaß an sozialem Konsens hinsichtlich der Beurteilung und Einschätzung der eigenen Gruppe vor (Tajfel & Turner, 1979, S. 40). Konkrete Beispiele derartiger Gruppen sind u.a. das Geschlecht, das Alter, die Konfession oder die Mitgliedschaft in einer Organisation (Ashforth & Mael, 1989, S. 20). Die genannten Beispiele machen bereits deutlich, dass eine Person nicht anhand einer einzigen Gruppe definiert werden kann, sondern in der Regel mehreren Gruppen angehört.

Der kognitive Prozess der sozialen Klassifikation erfolgt aus zwei Gründen. Zunächst ermöglicht die soziale Kategorisierung dem Individuum seine Umwelt kognitiv aufzugliedern, wo-

[5] Eigene Abbildung in Anlehnung an Haslam (2004, S. 29).

durch es in der Lage ist, diese besser ordnen zu können (Ashforth & Mael, 1989, S. 20f.; Tajfel & Turner, 1979, S. 40). Im Rahmen dieses Prozesses werden einer Person solche Eigenschaften zugeordnet, die typisch für die Gruppen sind, denen diese Person angehört. Weiterhin erleichtert die soziale Klassifikation einer Person, sich innerhalb des sozialen Umfeldes selbst zu definieren und somit ein Selbstkonzept zu bilden, das Aufschluss über das eigene Ich gibt (Ashforth & Mael, 1989, S. 21). Das Selbstkonzept einer Person besteht aus einer persönlichen und einer sozialen Identität. Die persönliche Identität basiert auf den spezifischen Charaktereigenschaften, Fähigkeiten und Vorlieben eines Individuums und unterscheidet sich auch zwischen den Personen innerhalb einer Gruppe (Haslam et al., 2000, S. 323). Dagegen ist die soziale Identität einer Person durch die besonders hervortretenden Merkmale der Gruppen gekennzeichnet, welcher die entsprechende Person angehört (Tajfel & Turner, 1979, S. 40).

Wie oben bereits gezeigt, gehört eine Person normalerweise mehreren Gruppen an und besitzt dementsprechend auch mehrere soziale Identitäten. Diesen Teil des Selbstkonzeptes haben alle Mitglieder innerhalb einer Gruppe (In-Group) gemein und unterscheiden sich nur dadurch von den Mitgliedern der Out-Groups, also anderer vergleichbarer Gruppen (Haslam et al. 2000, S. 323). In der Regel wird das Verhalten einer Person sowohl von der persönlichen als auch von der sozialen Identität beeinflusst (Haslam, 2004, S. 23). Je nach Situation spielt dabei der persönliche oder soziale Teil des Selbstkonzepts eine dominante Rolle. Prinzipiell lässt sich das menschliche Verhalten anhand des in *Abbildung 3* dargestellten *interpersonal-intergroup* Kontinuums beschreiben. Im linken Extrempunkt wird das Verhalten ausschließlich durch die persönlichen Eigenschaften und Motivationen determiniert. Am anderen Ende des Kontinuums bestimmt dagegen ausschließlich die Gruppenzugehörigkeit das Verhalten. Gewöhnlich kann das Verhalten einer Person jedoch nicht einem der beiden Extrempunkte zugeordnet werden, sondern befindet sich, in Abhängigkeit von sozialen und psychologischen Faktoren, dazwischen (Haslam, 2004, S. 23).

Grundsätzlich ist davon auszugehen, dass der Mensch bestrebt ist, ein positives Selbstkonzept und damit auch eine positive soziale Identität zu erlangen (Tajfel & Turner, 1979, S. 40). Um die eigene soziale Identität bewerten zu können, muss das Individuum die eigene Gruppe mit den relevanten out-groups vergleichen. Dabei neigen Personen dazu, die in-group im Vergleich zu den out-groups zu begünstigen, um dadurch ein positives Selbstwertgefühl zu erlangen (Hogg & Terry, 2000, S. 122). Das Phänomen, die eigene Gruppe als überlegen im Vergleich mit anderen Gruppen einzustufen, ist eine kognitive Verzerrung und wird als *ingroup favoritism* oder auch als *ingroup bias* bezeichnet (Mullen et al., 1992, S. 104; Tajfel & Turner, 1979, S. 41).

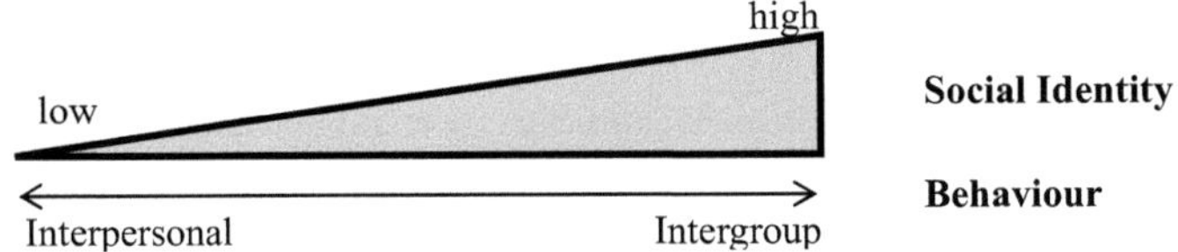

Abbildung 3: Interpersonal-intergroup Kontinuum[6]

Ob und wie stark *ingroup favoritism* auftritt, hängt von der Ähnlichkeit (similarity), der Nähe (proximity) und der Salienz (salience) ab (Tajfel & Turner, 1979, S. 41). Unter dem Faktor Ähnlichkeit ist zunächst zu verstehen, wie stark sich eine Person mit der ingroup identifiziert, und ob diese Mitgliedschaft bewusst als Teil des eigenen Selbstkonzepts verstanden wird. Es genügt nicht, wenn lediglich andere Personen die Gruppenzugehörigkeit einer beobachteten Person als Teil ihrer sozialen Identität wahrnehmen. Der zweite Faktor, die Nähe, bezieht sich darauf, dass es in der zugrundeliegenden Situation möglich sein muss, ingroup und outgroup miteinander zu vergleichen. Ingroup und outgroup müssen daher in irgendeiner Art und Weise miteinander in Beziehung stehen. Dritter Faktor ist die Salienz. Mit diesem Begriff wird in der Psychologie die hervorstechende Wahrnehmung bestimmter Dinge für einen bestimmten Kontext bezeichnet (Aronson et al., 2008, S. 557). Dieser Faktor besagt hier, dass die outgroup in der Wahrnehmung des Individuums als wichtig und relevant für einen Vergleich empfunden werden muss. In enger Verbindung mit *ingroup favoritism* steht der *group-serving bias*. Diese kognitive Verzerrung ähnelt dem self-serving attributional bias (siehe Kapitel 2.3), berücksichtigt jedoch die Gruppenzugehörigkeit von Personen. Dementsprechend wird negatives Verhalten von Personen der ingroup eher auf externe Faktoren zurückgeführt, während für negatives Verhalten von Mitgliedern der outgoup meist interne Faktoren verantwortlich gemacht werden (Pettigrew, 1979, S. 469).

6 Eigene Abbildung in Anlehnung an Haslam (2004, S. 23).

Der SIA liefert nicht nur einen theoretischen Ansatz für das Verständnis von Intergruppenbeziehungen (SIT), sondern erklärt darüber hinaus im Rahmen der SCT auch soziale Beziehungen auf einer allgemeineren Ebene (siehe *Abbildung 2*). Verglichen mit der SIT umfasst die SCT ein breiteres kognitives Erklärungsgebiet, da sie sich nicht nur speziell auf *intergroup*-Beziehungen und Sozialstrukturen beschränkt (Haslam, 2004, S. 29). *Turner*, der die SCT entwickelte, definiert Selbstkategorien als „cognitive groupings of self and some class of stimuli as identical and different from some other class“(Turner et al, 1994, S. 454). Der Prozess der sozialen Kategorisierung dient als kognitive Basis bei der Untersuchung von Gruppenverhalten (Hogg & Terry, 2000, S. 123). Ähnlich dem interpersonal-intergroup-Kontinuum im Rahmen der SIT, kann auch das Selbstkonzept einer Person als Kontinuum aufgefasst werden. Der persönlichen Identität auf der einen Seite steht am anderen Ende die soziale Identität gegenüber und je nachdem, welche Identität gerade dominiert bzw. salient ist, zeigt eine Person interpersonal- oder intergroup-behaviour (Haslam, 2004, S. 29). Tritt die soziale Identität stärker in den Vordergrund, kommt es zum Prozess der sogenannten Depersonalisierung des eigenen Selbstbildes (Turner et al, 1994, S. 455). Damit ist gemeint, dass sich das Individuum auf der Basis von stereotypischen Eigenschaften definiert, die es mit anderen, repräsentativen Mitgliedern einer sozialen Kategorie gemein hat (Haslam, 2004, S. 30). Einzigartige Charaktereigenschaften, die die persönliche Identität eines Individuums bilden, treten damit in den Hintergrund. Wie im Rahmen der SIT bereits erläutert, sind Individuen bestrebt eine positive soziale Identität zu bilden, um das eigene Selbstwertgefühl zu erhöhen. Die SCT deutet zusätzlich darauf hin, dass der Prozess zur Bildung von sozialer Identität zu einer Reduktion von Unsicherheit führt und damit ein grundlegendes Bedürfnis des Menschen erfüllt (Hogg & Terry, 2000, S. 124). Im Rahmen der Selbstkategorisierung wird das Selbstkonzept transformiert und dem Prototyp einer Kategorie angeglichen. Durch diesen Prototyp sind Vorstellungen, Einstellungen, Gefühle und Verhaltensweisen bestimmt und größtenteils festgelegt.

Der Prozess der Selbstkategorisierung, in dessen Kern die Depersonalisierung steht, ist mit einigen grundlegenden Annahmen verknüpft, die im Folgenden erläutert werden. Zunächst basiert die SCT auf der Überlegung, dass Personen eine kognitive Einteilung des eigenen Ichs in bestimmte Kategorien vornehmen. In diesem Zuge werden das eigene Ich und Mitglieder derselben Kategorie als ähnlich wahrgenommen, während Mitglieder anderer Kategorien als verschieden vom eigenen Ich betrachtet werden (Haslam, 2004, S. 30). Wie sich Personen in einer vorliegenden Situation kategorisieren, wird von den zwei Komponenten „relative accessibility" und „Fit" beeinflusst. Unter „relative accessibility" wird die Bereitschaft verstanden, eine bestimmte Kategorie zu verwenden, da sie in der momentanen Situation relevant und nützlich erscheint (Turner et al., 1994, S. 455). Diese Bereitschaft ist abhängig von Erfahrungen aus der Vergangenheit sowie gegenwärtigen Erwartungen, Wertorientierungen, Zielen und Bedürfnissen (Turner et al., 1994, S. 455).

Mit der zweiten Komponente, dem „Fit", wird die Übereinstimmung zwischen einer sozialen Kategorie und dem sozialen Kontext beschrieben (Haslam, 2004, S. 34). Diese Komponente lässt sich weiter aufteilen in den komparativen und den normativen Fit. Der komparative Fit beruht auf dem Meta-Kontrast-Prinzip, welches besagt, dass die Wahrscheinlichkeit für die Kategorisierung einer Menge von Objekten zu einer Gruppe umso größer ist, je geringer die Differenzen zwischen diesen Objekten verglichen mit den Unterschieden zu einer relevanten Vergleichskategorie sind (Turner et al., 1994, S. 455). *Haslam (2004, S. 34)* verdeutlicht das Meta-Kontrast-Prinzip am Beispiel einer Ökonomin, wodurch die Kategorisierung vereinfachend entweder aufgrund des Geschlechts (Frau) oder der Berufsgruppe (Ökonomin) erfolgen kann. Umgeben von Psychologinnen und Psychologen sowie anderen Ökonominnen und Ökonomen, wird sich die angesprochene Person dann auf ihrem Beruf basierend als Ökonomin definieren, wenn die Unterschiede zwischen den beiden Berufsgruppen größer erscheinen als die Unterschiede innerhalb der Gruppe. Dies ist gewöhnlich eher der Fall bei den Teilnehmern einer interdisziplinären Wissenschaftskonferenz als z.B. in einem Fußballstadion. Die reine Tatsache, dass sich zwei Gruppen voneinander unterscheiden, reicht jedoch für die Kategorisierung eines Personenkreises als „verschieden zu einer anderen Personengruppe" nicht aus (Turner et al., 1994, S. 455).

Von Bedeutung ist auch *wie* sich die Kategorien unterscheiden. Hierauf bezieht sich die zweite Komponente des Fit, der normative Fit. Die unterscheidenden Merkmale zwischen zwei Kategorien müssen demnach in ihrer Beschaffenheit konsistent mit den Erwartungen des Beobachters bzw. dessen normativen Vorstellungen bezüglich der wesentlichen, sozialen Bedeutung der Kategorie sein (Haslam, 2004, S. 34; Turner et al., 1994, S. 455). Die Ökonomin im obigen Beispiel würde auf der Wissenschaftskonferenz den Psychologen und einen anderen

Ökonomen nicht anhand der Berufsgruppe kategorisieren, falls sich diese Personen auf unerwartete Art und Weise unterscheiden. Dies wäre z.B. der Fall, wenn sich der Psychologe ausschließlich mit der Frage der Gewinnmaximierung beschäftigt, während der Ökonom sich hauptsächlich mit dem seelischen Wohlergehen der Menschheit befasst (Haslam, 2004, S. 34). Zum Abschluss des Forschungsüberblicks des Ansatzes der Sozialen Identität sei angemerkt, dass dieser Ansatz sich besonders zur Erklärung von Wahrnehmungsunterschieden im Zusammenhang mit CSI und unternehmerischer Scheinheiligkeit eignet. Weiterhin erscheint die Forschung der sozialen Identität auch von enormer Relevanz für die Erklärung der Unternehmensbewertungsprozesse aus Sicht des Konsumenten. Da mentale Bewertungen sowie deren Auswirkungen nicht allein auf Kognitionen beruhen, sondern sich aus dem Zusammenspiel von Kognitionen und Emotionen ergeben, wird im anschließenden Kapitel zunächst ein Überblick über die Appraisal-Theorie gegeben.

2.5. Die Appraisal-Theorie

Es ist nahezu unmöglich für den Menschen seine Umwelt komplett ohne Gefühle und rein auf Basis der Vernunft wahrzunehmen (Ellsworth & Scherer, 2003, S. 572). In der Regel kommt es bei der Beurteilung einer Situation oder eines Ereignisses zur Vermischung von Vernunft und Emotionen. Die Appraisal-Theorie untersucht die Entstehung von Emotionen auf kognitiver Ebene und geht davon aus, dass die subjektive Bewertung einer Situation oder eines Ereignisses die Entstehung und Differenzierung von Emotionen bestimmen (Ellsworth & Scherer, 2003, S. 572; Frijda, 1993, S. 357f.; Scherer, 1999, S. 637) (siehe hierzu *Abbildung 4*).
Ob ein Ereignis bei einer Person Emotionen hervorruft und um welche Emotionen es sich in diesem Fall handelt, ist dementsprechend abhängig von der individuellen Interpretation der jeweiligen Person.

Der Begriff „Appraisal“ wurde in diesem Zusammenhang erstmals von *Arnold (1960)* verwendet. *Arnold* war der Meinung, dass die für Emotionen maßgebenden Einschätzungen in Bezug auf drei Dimensionen variieren (Scherer, 1999, S. 637). Zuerst spielt es eine Rolle, ob es sich um ein vorteilhaftes oder nachteiliges Ereignis für eine Person handelt. Die zweite Dimension betrifft die An- oder Abwesenheit eines Objekts. Damit ist gemeint, dass ein Sachverhalt entweder gegenwärtig und deshalb sicher sein kann, oder er liegt in der Zukunft und gilt daher als unsicher. Drittens hängen die Einschätzungen davon ab, wie leicht bzw.

schwer sich die vorliegende Situation bewältigen lässt (Ellsworth & Scherer, 2003, S. 572f). Aufbauend auf den Überlegungen Arnolds lieferte *Lazarus (1966)* mit seinem theoretischen Ansatz wenig später einen wegweisenden Beitrag zur Entwicklung der „Appraisal-Theorie" (Scherer, 1999, S. 637). Er behauptete, dass die Entstehung von Emotionen in einer bestimmten Situation einem zweigeteilten Bewertungsprozess unterliegt. Einerseits erfolgt eine Klassifizierung des Ereignisses hinsichtlich positiver oder negativer Auswirkungen für das persönliche Wohlergehen einer Person (primary appraisal) (Lazarus & Smith, 1988, S. 284). Andererseits sind die individuellen Konsequenzen des Ereignisses sowie die Fähigkeit, diese bewältigen zu können, für die bewertende Person von Bedeutung (secondary appraisal) (Scherer, 1999, S. 637). Es ist anzumerken, dass die Bezeichnungen „primary und „secondary" nicht als temporale Einordnung zu verstehen sind. Vielmehr soll mit dem Begriff „primary" ausgedrückt werden, dass in dieser Phase des Bewertungsprozesses eine grundlegende Entscheidung fällt, ob eine Situation das Potenzial besitzt bei einer Person Emotionen auszulösen (Lazarus & Smith, 1988, S. 284).

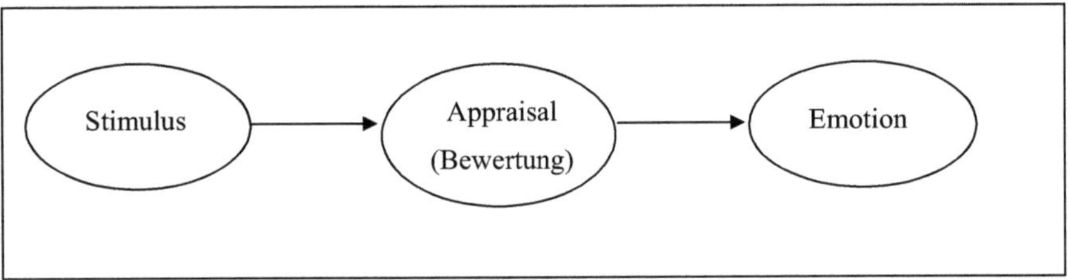

Abbildung 4: Grundprinzipien der Appraisal-Theorie[7]

Bevor verschiedene Ansätze der Appraisal-Theorie genauer erläutert werden, wird an dieser Stelle zunächst auf den Begriff der Emotionen eingegangen. Emotionen weisen eine komplexe Struktur auf und bestehen aus mehreren Komponenten (Frijda, 1993, S. 359). Vor allem ist es wichtig darauf hinzuweisen, dass eine Emotion mehr ist, als nur simples reflexartiges Verhalten, auch wenn Reflexe einen zentralen Bestandteil von emotionalen Reaktionen darstellen (Leventhal & Scherer, 1987, S. 6f.). Um von einer Emotion zu sprechen bzw. diese spezifizieren zu können, ist in einer Situation außerdem ein bestimmtes Maß an Handlungsbereitschaft und körperlicher Erregung erforderlich (Frijda, 1993, S. 359). Weiterhin ist anzumerken, dass

[7] Eigene Darstellung in Anlehnung an Kroeber-Riel (2009), S. 105.

Emotionen keineswegs statischer Natur sind, sondern sich während einer Situation entwickeln und verändern können. Deshalb ist es sinnvoll von einem Appraisal-Prozess zu sprechen, da die Beurteilung einer Situation und die daraus resultierenden Emotionen häufig einem kontinuierlichen Wandel unterliegen und immer wieder angepasst werden (Ellsworth & Scherer, 2003, S. 575f.; Scherer, 1999, S. 648).

Im Rahmen der Appraisal-Theorie existieren unterschiedliche Herangehensweisen zur Untersuchung und Erklärung von Emotionen. Es können dabei vier Methoden unterschieden werden, die sich anhand der darin postulierten Bewertungsdimensionen beschreiben lassen: Kriterien, Attributionen, Themen und Bedeutungen (Scherer, 1999, S. 638). Insbesondere die ersten beiden Kategorien sind für die vorliegende Arbeit interessant und werden deshalb im Folgenden erläutert. Der erste Theoriestrang basiert auf den bereits angesprochenen Arbeiten von *Arnold* und *Lazarus*. Danach verwenden Personen zur Bewertung von Ereignissen eine festgelegte Menge von Dimensionen und Kriterien. Hierzu zählen etwa intrinsische Eigenschaften des Objekts oder Ereignisses, die Bedeutung des Ereignisses in Bezug auf persönliche Bedürfnisse und Ziele, die Beeinflussbarkeit der Konsequenzen des Ereignisses sowie die Vereinbarkeit des Ereignisses mit persönlichen oder sozialen Normen, Standards und Werten (Scherer, 1999, S. 638).

Der zweite Ansatz konzentriert sich bei der Bewertung von Ereignissen und den dadurch hervorgerufenen Emotionen auf die zugrunde liegenden kausalen Attributionen als Bewertungsdimension. Wie bereits in Kapitel 2.3 beschrieben, spielen kausale Attributionen für das Verständnis der Wirkung von CSI eine wichtige Rolle. Vor diesem Hintergrund erscheint die Herangehensweise auf Basis der Attributionen im Rahmen der vorliegenden Studie besonders interessant. Durch die Verknüpfung theoretischer Überlegungen der Appraisal-Theorie mit den Dimensionen der Attributionstheorie lassen sich eine Reihe von Emotionen erklären und differenzieren. So lässt sich in einer Situation aufgrund des Kontrollortes für ein Ereignis auf die entstehenden Emotionen schließen. Besitzt kein beteiligter Akteur die Kontrolle über die Ursachen eines nachteiligen Ereignisses, resultiert daraus Mitleid (Weiner et al., 1982, S. 232). Die Emotionen Verärgerung und Schuldgefühl entstehen hingegen dann, wenn die Ursachen kontrollierbar erscheinen (Weiner et al., 1982, S. 229). Welche dieser beiden Emotionen ausgelöst wird, ist davon abhängig bei welcher Person die Kontrolle liegt. Eine Person empfindet Verärgerung, falls sie die Ursachen für ein nachteiliges Ereignis einer anderen Person zuschreibt (Weiner et al., 1982, S. 229). Ist die Person selbst für das Zustandekommen des Ereignisses verantwortlich, wird dadurch ein Gefühl der Schuldhaftigkeit ausgelöst (Weiner et al., 1982, S. 229). Der attributionsbasierte Ansatz trifft nicht nur eine Aussage darüber welche Emotion in einer Situation hervorgerufen wird, sondern auch wie stark diese ausfällt. Entscheidend für das Ausmaß einer Emotion ist die Stabilitätsdimension der Kausalität bei einem Ereignis. Die Emotionen Verärgerung und Mitleid fallen umso stärker aus, je stabiler die Ursachen für ein nachteiliges Ereignis erscheinen (Weiner et al, 1982, S. 231f.).

Aufbauend auf dem Literaturüberblick der relevanten Forschungsansätze dieser Studie, können nun die Wirkungsbeziehungen des Untersuchungsmodells näher erläutert werden.

3. Konzeptualisierung eines Modells zur Untersuchung von unternehmerischer Scheinheiligkeit

3.1. Einflussfaktoren auf die Wahrnehmung von unternehmerischer Scheinheiligkeit

Ziel dieses Kapitels ist es zu begründen in welcher Art und Weise der Grad der Inkonsistenz in der CSR-Politik sowie die Identifikation zwischen Konsument und Unternehmen die wahrgenommene unternehmerische Scheinheiligkeit beeinflussen. Wie in Kapitel 2.1 beschrieben, kommt es zur Wahrnehmung unternehmerischer Scheinheiligkeit, wenn ein Unternehmen vorgibt gesellschaftliche Verantwortung zu übernehmen, sich dann aber inkonsistent zu diesen CSR-Versprechen verhält. Der Zusammenhang zwischen Inkonsistenz und Scheinheiligkeit ist jedoch nicht nur für die CSR-Politik auf unternehmerischer Ebene begrenzt, sondern besteht ganz allgemein wenn Worte durch Taten widerlegt werden.

Wie Untersuchungen zeigen, variiert die Diskrepanz zwischen Einstellung bzw. Verhaltensabsicht und tatsächlichem Verhalten, je nach Situation (Alicke et al., 2013, S. 682). Je offensichtlicher eine Beziehung zwischen Einstellung und widersprüchlichem Handeln erkennbar ist, desto höher werden die Diskrepanz und damit die Scheinheiligkeit wahrgenommen. Eine Mutter wird z.B. in hohem Maße als scheinheilige Person wahrgenommen, wenn sie ihrem Kind ein Tattoo verbietet, obwohl sie selbst eines trägt (Alicke et al., 2013, S. 683). Im Vergleich dazu ist die Wahrnehmung der Scheinheiligkeit deutlich geringer, wenn die Mutter anstelle eines Tattoos ein Piercing trägt oder Raucherin ist. *Alicke et al. (2013, S. 684)* haben gezeigt, dass jedoch unter bestimmten Voraussetzungen auch eine vermeintlich hohe Diskrepanz noch zu starker Wahrnehmung von Scheinheiligkeit führen kann. Dies ist insbesondere der Fall, wenn mit einer Handlung implizit die Befolgung bestimmter Werte assoziiert wird. Von einer Person, die in der Kirchengemeinde hilft, wird z.B. die Befolgung christlicher Werte erwartet, ohne dass die Person diese tatsächlich konkret ausspricht. Zusätzlich spielen die persönlichen Werte des Beobachters bei der Beurteilung des Ausmaßes von Scheinheiligkeit eine Rolle (Alicke et al., 2013, S. 690).

Im Rahmen einer Studie zur Untersuchung der durch Scheinheiligkeit hervorgerufenen Emotionen wurden Szenarien mit unterschiedlichem Grad an Inkonsistenz zwischen Wort und Tat erstellt (Laurent et al., 2014, S. 68). Die Ergebnisse der genannten Studie bestätigen, dass die wahrgenommene Scheinheiligkeit für das Szenario hoher Scheinheiligkeit erheblich höher ausfällt im Vergleich zu dem Szenario mit geringer Scheinheiligkeit. Im Zusammenhang mit CSR entsteht wahrgenommene Scheinheiligkeit dann, wenn sich ein Beobachter sowohl mit negativen als auch positiven CSR-Informationen konfrontiert sieht (Wagner et al., 2009, S. 81). Es ist somit von einem positiven Zusammenhang zwischen der Inkonsistenz in der CSR-Politik eines Unternehmens und wahrgenommener Scheinheiligkeit auszugehen (Wagner et al., 2009, S. 81). Aufgrund der dargelegten Überlegungen kann somit die folgende Hypothese postuliert werden:

H_1:	Bei hohem Grad an Inkonsistenz in der CSR-Politik, wird die unternehmerische Scheinheiligkeit stärker wahrgenommen, als bei niedrigem Grad an Inkonsistenz in der CSR-Politik.

Neben den Einflussfaktoren, welche die unternehmerische Scheinheiligkeitswahrnehmung intensivieren können, stellt sich die Frage, ob alle Konsumentengruppen gleich darauf reagieren, wenn das Unternehmen bspw. in aller Öffentlichkeit an den Pranger gestellt wird. Ansätze und Forschungsergebnisse, die in Kapitel 2 vorgestellt wurden, legen nahe, dass die soziale Identität hier eine Rolle spielen könnte.

Zunächst wird unter der Consumer-Company Identifikation eine tiefgründige und bedeutsame Beziehung zwischen Konsument und Unternehmen verstanden (Bhattacharya & Sen, 2003, S. 76). In der wissenschaftlichen Literatur findet sich unter dem Begriff „organizational identification“ eine Vielzahl von Arbeiten, die die Identifikation von Mitarbeitern zu deren Unternehmen untersuchen (Ashforth & Mael, 1992; Bergami & Bagozzi, 2000). Auch wenn bei Konsumenten keine solche formale Mitgliedschaft bzw. Zugehörigkeit zum Unternehmen besteht, kann auch hier in ähnlicher Weise eine tiefe Verbundenheit mit dem Unternehmen vorhanden sein, welche als Consumer-Company Identifikation bezeichnet wird (Bhattacharya & Sen, 2003, S. 76). Fundamental für dieses Phänomen ist die Überlegung, dass ein Unternehmen eine soziale Gruppe darstellt, der sich Personen zugehörig fühlen können. Gemäß des SIA (siehe Kapitel 2.4) ist ein Unternehmen, mit dem sich eine Person identifiziert somit Teil deren sozialer Identität bzw. deren Selbstkonzepts. Je stärker die Identifikation ausfällt, desto weiter schreitet der Prozess der Depersonalisierung voran und das Individuum sieht sich selbst immer mehr als Vertreter oder Repräsentant dieser Organisation (Bergami & Bagozzi, 2000, S. 557). Der Identifikationsprozess einer Person unterliegt demnach einem Zustand der kognitiven Selbstkategorisierung (Bhattacharya & Sen, 2003, S. 77). Zeigt das Unternehmen plötzlich CSI, sorgt dies bei Personen, die sich stark mit dem Unternehmen identifizieren, voraussichtlich für Verwirrung (Lange & Washburn, 2012, S. 314). Grund hierfür ist die Unvereinbarkeit des CSI-Ereignisses mit den Werten und normativen Erwartungen des Beobachters. Es ist davon auszugehen, dass es in einem solchen Fall zu einer Abwertung der Ernsthaftigkeit und der negativen Folgen des Ereignisses kommt, die dem self-serving attributional bias (siehe Kapitel 2.3) ähnelt (Lange & Washburn, 2012, S. 314). Um ein positives Selbstkonzept beibehalten zu können, werden inkonsistente Informationen vom Beobachter übersehen. Wie in Kapitel 2.4 beschrieben, wird die Erweiterung des self-serving attributional bias auf Gruppen auch als group-serving bias bezeichnet. Nach dieser kognitiven Verzerrung neigen Personen, die sich einem Unternehmen zugehörig fühlen, d.h. eine hohe Identifikation besitzen, dazu, negatives Verhalten der ingroup eher auf externe statt auf interne Faktoren zu attribuieren. Anders formuliert wird die Verantwortlichkeit für ein CSI-Ereignis dann nicht beim Unternehmen selbst gesehen, sondern externen Ursachen zugeschrieben, die nicht in der Macht des Unternehmens liegen. Hinzu kommt, dass der Beobachter nicht aktiv am Leid anderer beteiligt sein möchte und deshalb, um sich selbst zu schützen, die negativen Effekte des Ereignisses abschwächen wird (Lange & Washburn, 2012, S. 314).

Huber et al. (2014) konnten einige dieser Überlegungen empirisch belegen. Bei hoher sozialer Identifikation wird das Verhalten eines unverantwortlich handelnden Unternehmens als weniger moralisch verwerflich eingeschätzt, als bei niedriger Identifikation (Huber et al., 2014, S. 45). Im Rahmen der vorliegenden Studie stellt das Vorliegen von Inkonsistenz in der CSR-Politik die Voraussetzung für die Wahrnehmung von unternehmerischer Scheinheiligkeit dar. Wie oben gezeigt, schreibt eine Person mit hoher Identifikation jedoch die Ursachen für ein negatives Ereignis meist nicht dem Unternehmen selbst, sondern externen Faktoren zu. Somit kann diese Person nur eine geringe unternehmerische Scheinheiligkeit feststellen. Es wird daher die folgende Hypothese formuliert:

H_2: Bei hoher Consumer-Company Identifikation wird die unternehmerische Scheinheiligkeit als geringer wahrgenommen, als bei niedriger Consumer-Company Identifikation.

Aus den bisherigen Überlegungen ergibt sich damit das in *Abbildung 5* dargestellte Modell, das die beiden beschriebenen Einflussfaktoren auf die wahrgenommene unternehmerische Scheinheiligkeit zeigt.

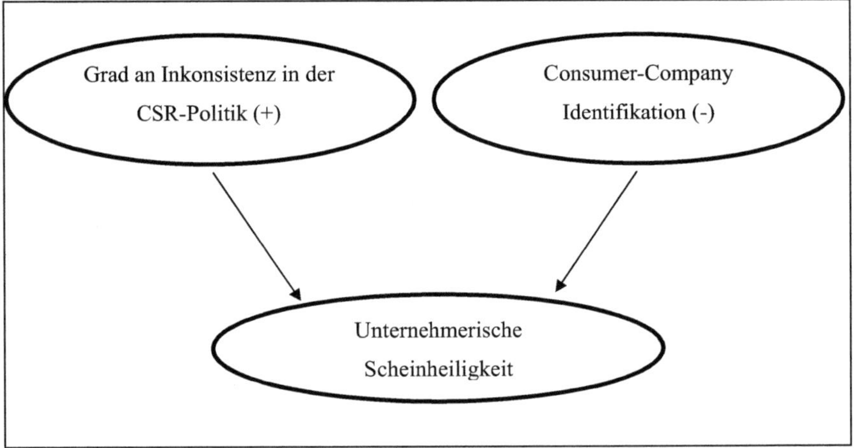

Abbildung 5: Modell der Einflussfaktoren auf die unternehmerische Scheinheiligkeit

3.2. Auswirkungen durch die Wahrnehmung von unternehmerischer Scheinheiligkeit

Nachdem in Kapitel 3.1 mit dem Grad der Inkonsistenz und der Consumer-Company Identifikation zwei Faktoren erläutert wurden, die die Wahrnehmung von unternehmerischer Scheinheiligkeit beeinflussen, widmet sich Kapitel 3.2 den Auswirkungen dieses Phänomens auf den Konsumenten. Im ersten Abschnitt werden zunächst die Folgen von unternehmerischer Scheinheiligkeit bezüglich der Unternehmensbewertung durch den Konsumenten anhand dreier Variablen erläutert (H_3 – H_5). Im zweiten Abschnitt geht es dann um die durch CSI bzw. scheinheiliges Verhalten hervorgerufenen Emotionen sowie die damit verbundenen Konsequenzen auf die Handlungsabsicht des Konsumenten (H_6 – H_9). Schließlich wird auf den moderierenden Einfluss zweier Einflussfaktoren eingegangen (H_{10} und H_{11}).

Für die grundsätzliche Einstellung eines Konsumenten zu einem Unternehmen spielen u.a. die CSR-Informationen des Unternehmens eine Rolle (Brown & Dacin, 1997, S. 79f.). Diese können in der Wahrnehmung einer Person entweder als positiv oder negativ aufgenommen werden. Die Aufnahme neuer Informationen läuft in der Regel nach dem folgenden kognitiven Prozess ab. Zuerst werden die neuen Informationen vom Individuum bewertet und anschließend mit dem bereits vorhandenen Kenntnisstand kombiniert (Anderson, 1974, S. 3). Während des Bewertungsprozesses werden die neuen Erkenntnisse verarbeitet und in diesem Zuge deren nützlichen und relevanten Teile bestimmt (Anderson, 1974, S. 3). Dies ist Voraussetzung dafür, dass neue Informationen mit vorhandenen kombiniert werden können. Letztendlich ergibt sich durch diesen Prozess eine neue, aktualisierte Beurteilung für ein Objekt. Demzufolge ist die Einstellung zu einem Objekt das Resultat aller vorhandenen und für dieses Objekt relevanten Informationen (Anderson, 1974, S. 49). Im Zeitverlauf kommt es dann durch die Integration neuer Informationen immer wieder zu Anpassungen hinsichtlich der Einstellung. Je nachdem wie eine Person diese bewertet, hat dies eine Ab- oder Aufwertung der allgemeinen Einstellung zur Folge (Anderson & Farkas, 1976, S. 253).

Die Wahrnehmung unternehmerischer Scheinheiligkeit tritt auf, wenn eine Person Inkonsistenz in der CSR-Politik beobachtet. Grundsätzlich bedeutet dies, dass sowohl positive als auch negative Informationen vorliegen müssen. Bei den negativen Informationen handelt es sich meist um Unternehmensverhalten, das genau genommen als CSI bezeichnet wird. *Jorgensen (1994, S. 351)* konnte zeigen, dass bei einem Unglück, in das ein Unternehmen involviert ist, die Attributionen bzgl. der Ursachen entscheidend für eine Änderung der Einstellung zum betreffenden Unternehmen beim Konsumenten sind. Gemäß dem Attributionsmodell von *Weiner* leidet die Einstellung infolge eines solchen Unglückes, wenn aus Sicht des Beobachters die Unglücksursachen intern beim Unternehmen liegen oder von diesem kontrollierbar erscheinen (Jorgensen, 1994, S. 351). In Übereinstimmung mit den theoretischen Überlegungen konnte in einer Studie nachgewiesen werden, dass die Wahrnehmung unternehmerischer Scheinheiligkeit einen negativen Effekt auf die Einstellung zum entsprechenden Unternehmen besitzt (Wagner et al., 2009, S. 81). Auf Basis der obigen Überlegungen ergibt sich somit die folgende Hypothese:

H_3:	Je größer die wahrgenommene unternehmerische Scheinheiligkeit, desto negativer die Einstellung zum betreffenden Unternehmen.

Die generellen Vorstellungen eines Konsumenten über das Ausmaß indem ein bestimmtes Unternehmen gesellschaftlich verantwortlich handelt, werden als CSR-Beliefs bezeichnet (Du et al., 2007, S. 225). Für die Bildung der CSR-Beliefs sind zwei Haupteinflussgrößen verantwortlich. Zum einen spielt es eine Rolle, ob und in welchem Umfang der Konsument die CSR-Aktionen eines Unternehmens wahrnimmt (Du et al., 2007, S. 226). Zum anderen sind die vom Konsumenten vermuteten Motive hinter den CSR-Aktionen von Bedeutung. Beide Determinanten sind zudem nicht unabhängig voneinander, sondern interagieren (Du et al., 2007, S. 226). Eine genauere Betrachtung dieser beiden Faktoren führt zu der Vermutung, dass die Wahrnehmung unternehmerischer Scheinheiligkeit einen negativen Effekt auf die CSR-Beliefs eines Konsumenten ausübt. Beim ersten Faktor, der Wahrnehmung von CSR in Zusammenhang mit einem Unternehmen, handelt es sich in der vorliegenden Arbeit um ein positives sowie ein negatives CSR-Statement. Es konnte mehrfach gezeigt werden, dass Personen deutlich sensibler auf negative als auf positive CSR-Informationen reagieren (Bhattacharya & Sen, 2001, S. 238; Lange & Washburn, 2012, S. 301). Bei jeweils einer positiven und einer negativen Information würde dementsprechend die negative dominieren und das Konsumentenverhalten determinieren. Da jedoch ein Konsument in der Realität nicht selten Kenntnis von mehr als nur diesen beiden CSR-Informationen zu einem Unternehmen hat, lässt sich auf Basis obiger Überlegung die Wirkungsrichtung noch nicht eindeutig festlegen.

Der zweite Einflussfaktor der CSR-Beliefs betrifft die Attributionen hinsichtlich der Motive eines Unternehmens. Hierbei wird zwischen extrinsischen und intrinsischen Motiven unterschieden (Du et al., 2007, S. 226). Extrinsische Motive bedeuten, dass sich hinter den CSR-Aktionen eigennützige Beweggründe verbergen, wie z.B. die Aufpolierung des Unternehmensimages (Du et al., 2007, S. 226). Handelt ein Unternehmen dagegen altruistisch, also selbstlos und auf die Interessen anderer Rücksicht nehmend, sowie aus rein philanthropischen Gründen gesellschaftlich verantwortungsvoll, wird von intrinsischen Motiven gesprochen. Die Attribution intrinsischer Beweggründe führt letztendlich zu positiven CSR-Beliefs (Du et al., 2007, S. 227). Die Definition von unternehmerischer Scheinheiligkeit schließt allerdings die aufrichtige Verfolgung intrinsischer Motive implizit aus (siehe Kapitel 2.2). Daher wird zwischen wahrgenommener Scheinheiligkeit und CSR-Beliefs ein negativer Zusammenhang vermutet, der in Hypothese 4 zum Ausdruck kommt und in *Abbildung 6* visualisiert ist:

> **H_4:** Je größer die wahrgenommene unternehmerische Scheinheiligkeit, desto negativer die CSR-Beliefs in Bezug auf das betreffende Unternehmen.

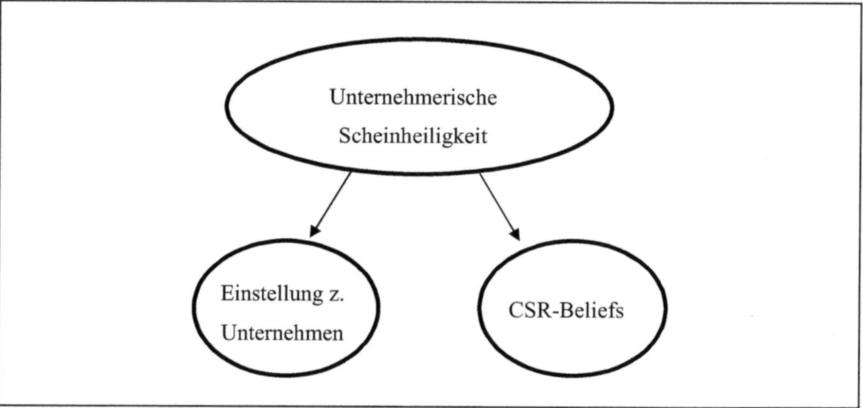

Abbildung 6: Hypothesen H3 und H4

Die Beziehung zwischen unternehmerischer Scheinheiligkeit und der Glaubwürdigkeit eines Unternehmens stellt bisher eine Forschungslücke dar (Wagner et al., 2009, S. 89). Eine Untersuchung dieser Beziehung ist nützlich, da von der Unternehmensglaubwürdigkeit unter anderem die Kaufabsicht und die Reputation bzw. das Image eines Unternehmens abhängen (Lafferty et al., 2002, S. 2). Scheinheiligkeit entsteht durch Inkonsistenz in der CSR-Politik, d.h. ein Unternehmen gibt ein positives CSR-Statement ab, welches durch das tatsächliche Verhalten widerlegt wird. Entscheidend sind nun die Attributionen im Zusammenhang mit dem negativen Ereignis. Schreibt ein Beobachter die Verantwortlichkeit dafür dem Unternehmen zu, erscheint das vorher abgegebene CSR-Versprechen nicht aufrichtig und der Beobachter kann sich betrogen fühlen (Lange & Washburn, 2012, S. 305f.). Er nimmt Inkonsistenz wahr, da das Unternehmen in seinen Augen vorgibt verantwortungsvoll zu handeln, dann aber gegen die eigenen Prinzipien verstößt. Haben Konsumenten das Gefühl von einem Unternehmen belogen zu werden, schadet dies dessen Glaubwürdigkeit (Lafferty et al., 2002, S. 2). Ebenso leidet die Unternehmensglaubwürdigkeit, wenn das Unternehmen gesetzliche oder ethische Regeln verletzt, wie es beim Auftreten von CSI der Fall ist (Lafferty et al., 2002, S. 2). Zudem haben *Rifon et al. (2004, S. 32)* herausgefunden, dass altruistische, d.h. selbstlose Sponsoringmotive positiv mit der Glaubwürdigkeit des als Sponsor auftretenden Unternehmens zusammenhängen. Hierbei zeigen sich Parallelen zu obigen theoretischen Überlegungen des Wirkungszusammenhangs zwischen unternehmerischer Scheinheiligkeit und CSR-Beliefs (H_4). Je nachdem ob intrinsische oder extrinsische Motive hinter einer CSR-Aktion vermutet werden, wirkt sich dies positiv oder negativ auf die CSR-Beliefs aus.

Angewendet auf die Unternehmensglaubwürdigkeit bedeutet dies, dass die Attribution intrinsischer bzw. altruistischer Motive zu einer höheren Glaubwürdigkeit und extrinsische, egoistische Motive zu einer geringeren Glaubwürdigkeit führen. Es gilt anzumerken, dass Konsumenten in einer Situation auch Kombinationen beider Motive attribuieren können. Sie können dem Unternehmen sowohl ein gewisses Maß an altruistischen als auch an egoistischen Beweggründen zuschreiben (Alcaniz et al., 2010, S. 172; Du et al., 2007, S. 226). In Übereinstimmung mit dem Auf- bzw. Abwertungsprinzip von *Kelle*y (siehe Kapitel 2.3) wird der Beobachter im Falle einer Mischung beider Motive den Effekt eines der beiden Motive abwerten, wenn ihm die Alternative plausibler erscheint (Alcaniz et al., 2010, S. 172). Im Umkehrschluss bedeutet dies, dass der Effekt der ausgewählten Alternative selbst aufgewertet und damit stärker wahrgenommen wird als er eigentlich ist. Die Wahrnehmung unternehmerischer Scheinheiligkeit ist mit der Attribution extrinsischer, egoistischer Motive verbunden. Daher wird ein negativer Zusammenhang mit der Unternehmensglaubwürdigkeit postuliert:

H_5: Je größer die wahrgenommene unternehmerische Scheinheiligkeit, desto geringer die Unternehmensglaubwürdigkeit in Bezug auf das betreffende Unternehmen.

Wie bereits zu Beginn dieses Kapitels beschrieben, werden durch die Wahrnehmung von unternehmerischer Scheinheiligkeit bestimmte moralische Emotionen hervorgerufen. Zunächst ist unter Rückgriff auf die in Kapitel 2.5 dargelegte Appraisal-Theorie festzustellen, dass Emotionen in Abhängigkeit persönlicher Interpretationen entstehen. Durch Kombination der

Appraisal-Theorie mit der Attributionstheorie, lassen sich zudem konkrete Aussagen darüber treffen, welche Emotion in einer bestimmten Situation auftreten wird. Verärgerung entsteht etwa dann, wenn eine Person die Ursachen für das Zustandekommen eines negativen Ereignisses einer anderen Person bzw. einem anderen Akteur zuschreibt (Weiner et al., 1982, S. 229; sowie Kapitel 2.5). Damit übereinstimmend, konnten *Laurent et al. (2014, S. 71)* zeigen, dass die Wahrnehmung von Scheinheiligkeit bei einer anderen Person oder Organisation beim Beobachter die Emotionen Verärgerung sowie Empörung hervorrufen. Eine weitere Studie belegt, dass unethisches Unternehmensverhalten und die Verletzung moralischer Normen beim Beobachter starke negative Emotionen in Form von öffentlicher Empörung, Verärgerung oder Verachtung auslösen (Grappi et al., 2013, S. 1820; Lindenmeier et al., 2012, S. 1364f.).

Obwohl die beiden Emotionen Empörung und Verärgerung miteinander korrelieren und häufig gemeinsam auftreten, besteht ein kleiner Unterschied, der die getrennte Aufnahme dieser beiden Konstrukte in das vorliegende Modell sinnvoll macht. Empörung entsteht meist durch Verletzungen von Fairness und ist an einen konkreten Akteur gerichtet (Laurent et al., 2014, S. 63). Im Unterschied dazu wird die Emotion Verärgerung durch moralische Verstöße hervorgerufen, die Schaden oder Leid verursachen (Laurent et al., 2014, S. 63). Basierend auf den theoretischen Überlegungen der Appraisal-Theorie verknüpft mit der Attributionstheorie und den Ergebnissen der genannten empirischen Studien lassen sich die beiden folgenden Hypothesen formulieren (siehe hierzu auch *Abbildung 7)*:

H_6: Je größer die wahrgenommene unternehmerische Scheinheiligkeit, desto größer die Verärgerung über das Unternehmen.

H_7: Je größer die wahrgenommene unternehmerische Scheinheiligkeit, desto größer die Empörung über das Unternehmen.

Nachdem gezeigt wurde, welche Emotionen durch die Wahrnehmung von Scheinheiligkeit entstehen können, werden nun die daraus resultierenden möglichen Konsequenzen für das Konsumentenverhalten aufgezeigt. Scheinheiliges Verhalten und die dadurch ausgelösten moralischen Emotionen beeinflussen beim Beobachter den Wunsch nach Bestrafung (Laurent et al., 2014, S. 77). Zunächst lässt sich nachweisen, dass die Schuldhaftigkeit sowie das als angemessen empfundene Strafmaß bei Gesetzesüberschreitungen höher ausfallen, wenn die kriminelle Person sich zudem scheinheilig verhalten hat (Laurent et al., 2014, S. 76). Eine Erklärung warum dies so ist, liefert eine Studie aus dem Gebiet der Neuroökonomie (de Quervain et al., 2004). Hirnforscher haben herausgefunden, dass der Missbrauch von Vertrauen zu einer besonders hohen Bestrafung führt, da es dadurch beim Geschädigten zu einer stärkeren Aktivierung im dorsalen Striatum kommt (de Quervain et al., 2004, S. 1257). Dieser Teil des menschlichen Gehirns ist verantwortlich für zielgerichtetes und belohnendes Verhalten (de Quervain et al., 2004, S. 1257). Letztendlich erfährt der Mensch durch die altruistische Bestrafung eines Vertrauensmissbrauchs eine intrinsische Befriedigung (de Quervain et al., 2004, S. 1258). Scheinheiligkeit, d.h. die Behauptung etwas zu sein, was man nicht ist, kann in den Augen des Beobachters als eine Form von Vertrauensmissbrauch aufgefasst werden. Durch die Bestrafung eines solches Verhaltens, erfährt der Beobachter eine intrinsische Belohnung.

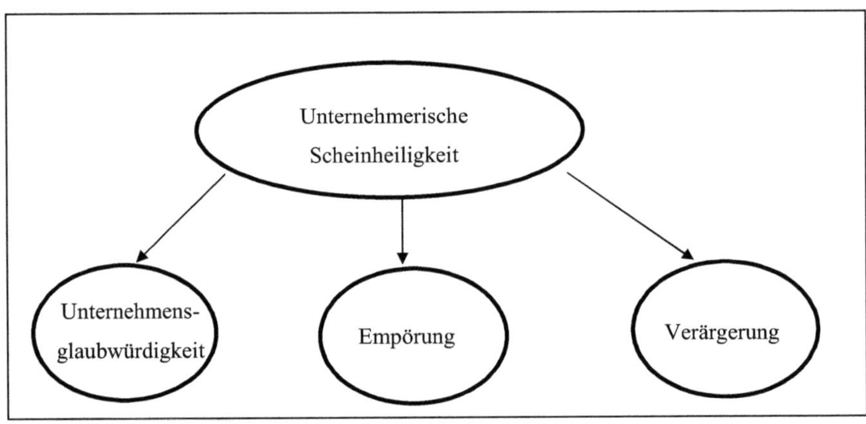

Abbildung 7: Hypothesen H5 – H7

In vorliegender Studie bildet die unternehmerische Scheinheiligkeit, die durch unethisches bzw. unverantwortliches Verhalten eines Unternehmens ausgelöst wird, den Untersuchungsgegenstand. Wie verschiedene Studien in der Marketingliteratur zeigen, existiert ein positiver Zusammenhang zwischen der Wahrnehmung von CSI und der Absicht das betreffende Unternehmen durch Aktionen wie negatives WOM oder Boykott zu bestrafen (Grappi et al., 2013, S. 1818; Lindenmeier et al., 2012, S. 1371; Sweetin et al., 2013, S. 1828).

Im Rahmen des postulierten Untersuchungsmodells erfährt die Boykott-Intention als Bestrafungsinstrument des Konsumenten eine nähere Betrachtung, da sie die Kaufabsicht eines Konsumenten in extremer Form beeinträchtigt und daher praktische Relevanz besitzt (Klein et al., 2004, S. 92). Auslöser eines Boykotts ist in der Regel der Glaube, ein bestimmtes Unternehmensverhalten habe negative, schädliche Konsequenzen für andere Gruppen. Konsumenten, die Mitarbeiter eines Unternehmens oder auch die Gesellschaft als Ganzes können bspw. davon betroffen sein (Klein et al., 2004, S. 96). Es ist wenig verwunderlich, dass die Wahrscheinlichkeit für einen Boykott zunimmt, je entsetzlicher das Handeln eines Unternehmens vom Konsumenten wahrgenommen wird (Klein et al., 2004, S. 105). Durch solche negativen Ereignisse werden beim Konsumenten negative Gefühlszustände erzeugt (Klein et al., 2004, S. 93). Diese Gedanken weiterführend, haben *Lindenmeier et al. (2012, S. 1366)* nachgewiesen, dass unethisches Verhalten von Unternehmen bei Konsumenten zu öffentlicher Empörung führt und schließlich im Boykott enden kann. Dementsprechend werden die folgenden beiden Hypothesen bezüglich der moralischen Emotionen und der Boykott-Intention formuliert:

H_8: Je größer die Verärgerung über das Unternehmen, desto stärker die Boykott-Intention.

H_9: Je größer die Empörung über das Unternehmen, desto stärker die Boykott-Intention.

Wie in Kapitel 3.2 bisher gezeigt werden konnte, wirkt sich die Wahrnehmung unternehmerischer Scheinheiligkeit auf eine Vielzahl von Variablen aus. Es ist jedoch zu vermuten, dass nicht alle Konsumenten ein bestimmtes Unternehmensverhalten in gleichem Maße als scheinheilig empfinden und abhängig davon die resultierenden Auswirkungen unterschiedlich stark ausfallen. Aus diesem Grund soll an dieser Stelle erläutert werden, welche Variablen die Wirkungsbeziehungen des Modells moderieren. In Kapitel 3.1 wurde auf die beiden Faktoren

Abbildung 8 dient zur Veranschaulichung der postulierten Zusammenhänge.

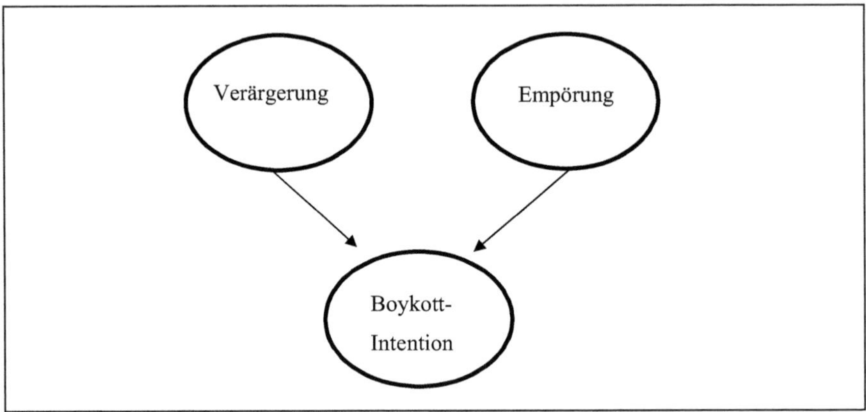

Abbildung 8: Hypothesen H8 und H9

Consumer-Company Identifikation und Grad der Inkonsistenz in der CSR-Politik eingegangen, von denen die Wahrnehmung unternehmerischer Scheinheiligkeit beeinflusst wird. Bei hoher Identifikation mit einem Unternehmen neigen Personen dazu, die Ursachen für negative Ereignisse im Zusammenhang mit dem Unternehmen, externen Faktoren zuzuschreiben (siehe Kapitel 2.4). So kann die Person ein positives Selbstkonzept beibehalten und vermeidet das Gefühl für das Leid anderer verantwortlich zu sein (Lange & Washburn, 2012, S. 314). Diese kognitive Verzerrung (siehe Kapitel 2.3, „self-serving attributional bias") führt dazu, dass die Scheinheiligkeit als nicht besonders hoch angesehen wird, da das Unternehmensfehlverhalten, wenn überhaupt, in geringem Maße als solches wahrgenommen wird. In einer empirischen Studie konnte gezeigt werden, dass die empfundene moralische Ungerechtigkeit das Auftreten moralischer Emotionen beeinflusst (Lindemeier et al., 2012, S. 1369). Dies stimmt überein mit den Überlegungen der Appraisal-Theorie. Demnach sind das Auftreten sowie die Stärke von Emotionen abhängig von den persönlichen Interpretationen des Beobachters (siehe Kapitel 2.5).

Weiterhin zeichnen sich Konsumenten mit hoher Identifikation meist durch eine starke Loyalität zum Unternehmen aus (Bhattacharya & Sen, 2003, S. 83). Als Konsequenz sind diese

Konsumenten widerstandsfähiger gegenüber negativen Informationen über das Unternehmen und haben größeres Vertrauen (Bhattacharya & Sen, 2003, S. 83). Diese Robustheit ist jedoch nicht statisch. Sind die Informationen in erheblichem Ausmaß negativ, zeigen Personen mit hoher Identifikation eine stärkere, negative Reaktion als Personen mit niedriger Identifikation (Bhattacharya & Sen, 2003, S. 83). Zudem spielt die Zeit in diesem Zusammenhang eine wichtige Rolle. Fühlt sich ein eng mit dem Unternehmen verbundener Konsument mehrfach betrogen, empfindet dieser eine deutlich größere Abneigung als ein Konsument mit geringer Identifikation (Grégoire et al., 2009, S. 24). Diese sich umkehrende Wirkung von starker Zuneigung zu starker Abneigung wird auch als „love-becomes-hate-effect" bezeichnet und konnte bereits empirisch nachgewiesen werden (Grégoire et al., 2009, S. 25; Grégoire & Fisher, 2006, S. 255). Da die Konsumenten in der vorliegenden Studie jedoch lediglich mit einer negativen Information konfrontiert werden und der „love-becomes-hate-effect" in der Regel erst langfristig zum Tragen kommt (Grégoire et al., 2009, S. 29), wird der folgende Zusammenhang vermutet: Eine hohe Consumer-Company Identifikation übt abschwächende Wirkung auf die Beziehungen im gesamten Untersuchungsmodell aus. Dies bedeutet z.B., dass der negative Effekt der wahrgenommenen Scheinheiligkeit auf die Unternehmensbewertung (Hypothese H_3 – H_5) nicht so stark ist, wenn eine Person über eine hohe Identifikation mit dem betreffenden Unternehmen verfügt. Hypothese H_{10} fasst diese Überlegungen zusammen.

H_{10}: Die Beziehungen im Kausalmodell variieren in Abhängigkeit der Consumer-Company Identifikation.

Als weitere Moderatorvariable dient der Grad der Inkonsistenz in der CSR-Politik eines Unternehmens. Für die wahrgenommene Scheinheiligkeit und die daraus resultierenden Auswirkungen ist es entscheidend, wie stark das tatsächliche Handeln von den CSR-Versprechen abweicht. Hierbei spielen auch die persönlichen Wertvorstellungen des Beobachters eine Rolle, da sie bestimmen, welches Verhalten als moralisch verwerflich zu bewerten ist und welches Verhalten akzeptabel erscheint (Alicke et al., 2013, S. 690). Es wird vermutet, dass die Beziehungen im Modell umso stärker ausfallen, je größer die Diskrepanz zwischen Wort und Tat ist. Daraus ergibt sich die folgende Hypothese.

H_{11}:	Die Beziehungen im Kausalmodell variieren in Abhängigkeit des Grades der Inkonsistenz der CSR-Politik.

Im Mittelpunkt der vorliegenden Studie steht die Untersuchung von unternehmerischer Scheinheiligkeit. Der zentralen Bedeutung dieses Phänomens wird Rechnung getragen indem das Konstrukt aus zwei Blickwinkeln betrachtet wird. Das Modell berücksichtigt auf der einen Seite Einflussfaktoren der unternehmerischen Scheinheiligkeit, die dessen wahrgenommenes Ausmaß determinieren. Auf der anderen Seite finden aber auch Auswirkungen auf verschiedene Größen der Unternehmensbewertung sowie emotionale Reaktionen Beachtung in der Studie. Das oben hergeleitete, vollständige Untersuchungsmodell ist in *Abbildung 9* dargestellt. Während die Einflussfaktoren ellipsenhaft dargestellt sind, lassen sich die aus der Wahrnehmung von scheinheiligem Verhalten resultierenden Größen in den Textkästen wiederfinden. Die beiden grau unterlegten Moderatoren beziehen sich auf das gesamte Untersuchungsmodell und sind am rechten Rand der Abbildung angesiedelt. Weiterhin gehen die Hypothesen sowie deren Wirkungsrichtung aus dem Schaubild hervor. *Tabelle 3* zeigt nochmal alle Hypothesen im Überblick.

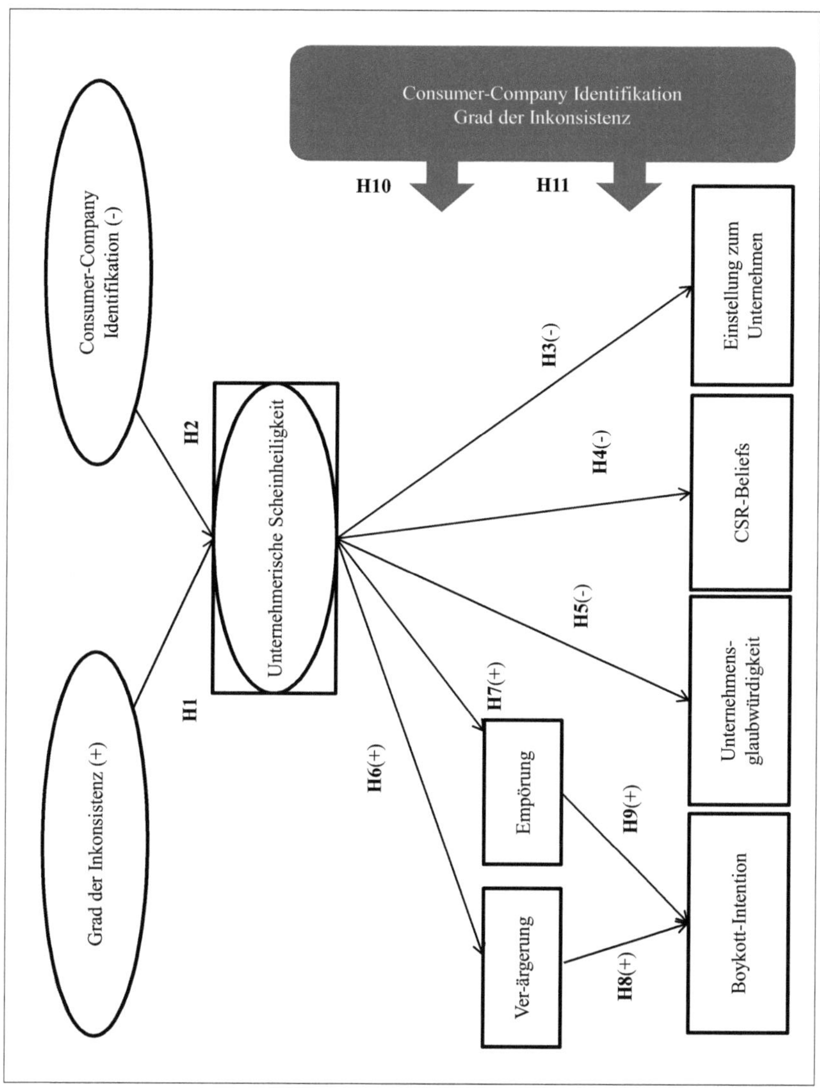

Abbildung 9: Vollständiges Untersuchungsmodell

H1	Bei hohem Grad an Inkonsistenz in der CSR-Politik, wird die unternehmerische Scheinheiligkeit stärker wahrgenommen, als bei niedrigem Grad an Inkonsistenz in der CSR-Politik.
H 2	Bei hoher Consumer-Company Identifikation wird die unternehmerische Scheinheiligkeit als geringer wahrgenommen, als bei niedriger Consumer-Company Identifikation.
H 3	Je größer die wahrgenommene unternehmerische Scheinheiligkeit, desto negativer die Einstellung zum betreffenden Unternehmen.
H 4	Je größer die wahrgenommene unternehmerische Scheinheiligkeit, desto negativer die CSR-Beliefs in Bezug auf das betreffende Unternehmen.
H 5	Je größer die wahrgenommene unternehmerische Scheinheiligkeit, desto geringer die Unternehmensglaubwürdigkeit in Bezug auf das betreffende Unternehmen.
H 6	Je größer die wahrgenommene unternehmerische Scheinheiligkeit, desto größer die Verärgerung über das Unternehmen.
H 7	Je größer die wahrgenommene unternehmerische Scheinheiligkeit, desto größer die Empörung über das Unternehmen.
H 8	Je größer die Verärgerung über das Unternehmen, desto stärker die Boykott-Intention.
H 9	Je größer die Empörung über das Unternehmen, desto stärker die Boykott-Intention.
H 10	Die Beziehungen im Kausalmodell variieren in Abhängigkeit der Consumer-Company Identifikation.
H 11	Die Beziehungen im Kausalmodell variieren in Abhängigkeit des Grades der Inkonsistenz der CSR-Politik.

Tabelle 3: Hypothesensystem

4. Eine empirische Studie zur Überprüfung des Modells

4.1. Methodische Grundlagen der Modellschätzung

4.1.1. Die Varianzanalyse

Mit dem Verfahren der Varianzanalyse lässt sich die Wirkung einer (oder mehrerer) unabhängigen Variablen auf eine (oder mehrere) abhängige Variable(n) untersuchen (Backhaus et al., 2008, S. 152). Die Varianzanalyse wird sehr häufig für die Analyse von experimentellen Situationen verwendet (Kuß & Eisend, 2010, S. 248).

Experimente eignen sich besonders zur Untersuchung von Ursache-Wirkungsbeziehungen, da sie Rückschlüsse auf Kausalitäten zulassen. In einem Experiment ermittelt der Versuchsleiter, durch systematische Variation mindestens einer unabhängigen Variablen, die bewirkte Reaktion (in der abhängigen Variablen) auf die systematische Änderung. Zum Beispiel möchte der Versuchsleiter den Einfluss der Produktfarbe überprüfen. Hierzu teilt er die Versuchsteilnehmer in mindestens zwei Gruppen auf (Experimental- und Kontrollgruppe). Zwischen den Gruppen wird die zu untersuchende unabhängige Variable systematisch variiert, sodass der Einfluss dieser Variablen auf die zu untersuchende abhängige Variable überprüft werden kann. In der Experimentalgruppe wird diejenige Abstufung der unabhängigen Variable realisiert, die den Forscher interessiert. Die Kontrollgruppe dient als Vergleichsgruppe (z.B.: Während die Experimentalgruppe farbige Produkte beurteilt, werden der Kontrollgruppe farblose Produkte vorgeführt. Anschließend erfolgt die Messung der Konsumbereitschaft.) Der Rückschluss auf Kausalitäten ist allerdings erst zulässig, wenn für den Einfluss von Störvariablen überprüft wird. Eine Störvariable ist eine Wirkungsgröße, welche ebenfalls Einfluss auf die zu untersuchende unabhängige Variable hat, jedoch gleichzeitig einen auf die zu untersuchende unabhängige Variable ausübt. Wenn die Versuchsteilnehmer jedoch den Experimentalsituationen per Zufall zugeteilt werden (randomisiertes Experiment), kann der Einfluss der Störvariablen neutralisiert werden. Es kann somit davon ausgegangen werden, dass die Beobachtungseinheiten sich im Durchschnitt vor der Teilnahme am Experiment nicht unterscheiden. Die Unterscheidung zwischen Experimental- und Kontrollgruppe kann folglich auf die systematische Manipulation innerhalb des Experiments zurückgeführt werden (Huber, 2013, S. 67 - 99).

Werden die experimentell erhobenen Daten anschließend mittels einer Varianzanalyse untersucht, sollten bezüglich der unabhängigen Variablen nominales oder ordinales Skalenniveau vorliegen, während von der abhängigen Variablen metrisches Skalenniveau gefordert wird (Backhaus et al., 2008, S. 152). Typischerweise werden die unabhängigen Variablen im Rahmen der Varianzanalyse als Faktoren und deren Ausprägungen als Faktorstufen bezeichnet (Backhaus et al., 2008, S. 153).

Durch a priori Einteilung, welche sich durch das Experiment ergibt, oder auch a posteriori Zuweisung lassen sich vom Forscher verschiedene Gruppen herstellen, deren Unterschied in einer (oder mehreren) abhängigen Variablen gemessen wird. Mithilfe der Varianzanalyse werden schließlich die Messwerte zwischen den Versuchs- und Kontrollgruppen verglichen um eine Aussage hinsichtlich des Einflusses der einzelnen Faktoren treffen zu können (Kuß & Eisend, 2010, S. 248). Ein typischer Anwendungsfall für die Varianzanalyse stellt die folgende Fragestellung dar: „Welche Wirkung haben verschiedene Formen der Bekanntmachung eines Kinoprogramms (z.B. Plakate, Zeitungsinserate) auf die Besucherzahlen?“ (Backhaus et al., 2008, S. 152). Untersucht wird hier die Wirkung der unabhängigen Variablen bzw. des Faktors *Form der Bekanntmachung* auf die abhängige Variable *Besucherzahl.* Es lassen sich je nach Anzahl der abhängigen und unabhängigen Variablen in einem Modell verschiedene Typen der Varianzanalyse unterscheiden (Backhaus et al., 2008, S. 153). Bei obigem Beispiel handelt es sich um eine einfaktorielle Varianzanalyse, da jeweils eine unabhängige und eine abhängige Variable vorliegen. Erhöht sich die Zahl der unabhängigen Variablen auf zwei, drei usw. wird dementsprechend von einer zwei-, bzw. dreifaktoriellen Varianzanalyse gesprochen. Eine mehrdimensionale Varianzanalyse liegt vor, wenn mindestens zwei abhängige Variablen vorhanden sind. Die Zahl der unabhängigen Variablen spielt in diesem Fall für die Bezeichnung keine Rolle.

Das Grundprinzip zur Durchführung einer Varianzanalyse soll hier anhand eines einfaktoriellen Designs erläutert werden. Dazu wird als Beispiel die Wirkung verschiedener Arten der Warenplatzierung im Supermarkt auf den Absatz eines Produkts betrachtet (Backhaus et al., 2008, S. 154f.). In drei verschiedenen Supermärkten einer Kette werden über einen festgelegten Zeitraum parallel drei unterschiedliche Formen der Warenplatzierung eingesetzt. Daraus resultieren drei Teilstichproben bzw. drei Gruppen, für die jeweils der Mittelwert des

Absatzes berechnet wird. Zusätzlich ist der Gesamtmittelwert des Absatzes über alle drei Supermärkte zu ermitteln. Nun kann mithilfe der Varianzanalyse analysiert werden, inwiefern die verschiedenen Formen der Warenplatzierung den Absatz beeinflussen. Dazu ist es nötig die im Untersuchungsmodell erfassten von den nicht im Modell erfassten Einflüssen zu trennen (Backhaus et al., 2008, S. 155). Besitzt die Warenplatzierung keinerlei Einfluss auf den Absatz, entspricht der prognostizierte Absatz dem Gesamtmittelwert (Backhaus et al., 2008, S. 155). Falls jedoch die Warenplatzierung, wie vermutet, Auswirkungen auf den Absatz hat, liefert der Gruppenmittelwert der einzelnen Faktoren den prognostizierten Absatz. Der Gruppenmittelwert unterscheidet sich vom Gesamtmittelwert in Form der sogenannten erklärten Abweichung (Backhaus et al. 2008, S. 155). Die Unterschiede zwischen den einzelnen Beobachtungswerten einer Gruppe und dem Gruppenmittelwert sind auf äußere Einflüsse zurückzuführen. Aus den dargestellten Überlegungen ergibt sich der in *Tabelle 4* dargestellte, für die Varianzanalyse grundlegende Zusammenhang (Backhaus et al., 2008, S. 156):

<table>
<tr><td colspan="2" align="center">Gesamtabweichung =</td></tr>
<tr><td align="center">Erklärte Abweichung</td><td align="center">+ Nicht erklärte Abweichung</td></tr>
<tr><td colspan="2" align="center">Summe der quadrierten Gesamtabweichungen=</td></tr>
<tr><td align="center">Summe der quadrierten Abweichungen
zwischen den Faktorstufen</td><td align="center">+ Summe der quadrierten Abweichungen
innerhalb der Faktorstufen</td></tr>
</table>

Tabelle 4: Prinzip der Varianzanalyse

Das grundsätzliche Prinzip der Varianzanalyse beruht auf einem Vergleich der Varianzen der abhängigen Variablen innerhalb der Gruppen mit den Varianzen zwischen den Gruppen. Es ist von einem Effekt eines Faktors auszugehen, falls große Varianz zwischen den Gruppen verglichen mit der Varianz innerhalb der Gruppen herrscht (Kuß & Eisend, 2010, S. 250). Mithilfe eines F-Tests muss der Einfluss der Faktoren statistisch auf Signifikanz geprüft werden (Backhaus et al., 2008, S. 159). Die Nullhypothese (H_0) in diesem Zusammenhang besagt, dass vom Faktor kein Einfluss auf die abhängige Variable ausgeht. Die Alternativhypothese (H_1) postuliert hingegen, dass mindestens eine Faktorstufe einen Effekt auf die abhängige Variable besitzt (Backhaus et al., 2008, S. 159). Ein Vergleich zwischen empirischem und theoretischem F-Wert führt schließlich zu Annahme oder Ablehnung der Nullhypothese. Wenn der empirische F-Wert größer als der theoretische ist, muss die Nullhypothese verworfen werden (Backhaus et al., 2008, S. 160). In diesem Fall kann von einem signifikanten Einfluss der unabhängigen Variablen auf die abhängige Variable gesprochen werden (Kuß & Eisend, 2010, S. 252). Bei Anwendung der Varianzanalyse müssen zudem einige Prämissen erfüllt sein. *Tabelle 5* gibt einen Überblick zu den für die vorliegende Studie relevanten Prämissen.

	Prämisse	Prüfungsmethode	Verletzung heilbar über
ANOVA (Analysis of Variances)	Keine Ausreißer	Plausibilitätsprüfung der Einträge bei offenen Skalen	Eliminierung
	Randomisierte Zuordnung zu Gruppen	(ex-ante festgelegt)	Im Voraus sicherzustellen
	Gruppengröße >20	Sichtung des Datensatzes	Im Voraus sicherzustellen
	Varianzhomogenität	Levene-Test	Gleichbesetzung der Zellen
	Normalverteilung	Kolmogorov-Smirnov-Test	Gleichbesetzung der Zellen

Tabelle 5: Prämissen der Varianzanalyse[8]

4.1.2. Kausalmodellierung mit Partial Least Squares

Für eine Vielzahl von Fragestellungen im praktischen und wissenschaftlichen Bereich ist die Untersuchung kausaler Abhängigkeiten zwischen bestimmten Variablen relevant (Backhaus et al., 2011, S. 65). Zur empirischen Überprüfung derartiger Probleme eignet sich die Kausalanalyse als statistisches Verfahren (Ringle, 2004, S. 5). Diese Methode stellt eine Kombination aus regressions- und faktoranalytischen Methoden dar (Ringle, 2004, S. 5). Mithilfe der Kausalanalyse lassen sich Zusammenhänge zwischen Variablen nach dem Ursache-Wirkungs-Prinzip untersuchen. Es wird angenommen, dass eine oder mehrere abhängige (endogene) Variablen von unabhängigen (exogenen) Variablen beeinflusst werden (Backhaus et al., 2008, S. 512). Eine Besonderheit stellt dabei die Berücksichtigung latenter, d.h. nicht direkt beobachtbarer Variablen dar (Backhaus et al., 2011, S. 65). In der Marketingforschung und -praxis spielen latente Variablen, zu denen z.B. die Einstellung, Kaufabsicht, Kundenlo-

8 Eigene Darstellung in Anlehnung an Eschweiler et al. (2007, S. 551).

yalität oder -zufriedenheit zählen, eine wichtige Rolle (Huber et al., 2007, S. 3). Da diese Variablen nicht direkt messbar sind, werden sie über geeignete Indikatorvariablen erfasst (Backhaus et al., 2008, S. 513). Ferner ist anzumerken, dass es im Rahmen der Kausalanalyse besonders wichtig ist, dass das empirisch zu überprüfende Hypothesensystem mitsamt seiner Beziehungen zwischen den Variablen ein gut durchdachtes theoretisches Fundament aufweist (Backhaus et al., 2011, S. 65). Resultierend aus den obigen Überlegungen ergibt sich ein Strukturgleichungsmodell (Backhaus et al., 2011, S. 66). Dieses besteht wiederum aus drei Komponenten (Huber et al., 2007, S. 3f.). Die Beziehungen zwischen den latenten Variablen sind im Strukturmodell (inneres Modell) enthalten. Außerdem wird ein Messmodell (äußeres Modell) für die latenten exogenen Variablen und ein Messmodell für die latenten endogenen Variablen formuliert. Für die Überprüfung des gesamten Modells kann grundsätzlich zwischen zwei Ansätzen unterschieden werden: dem kovarianzbasierten (z.B. LISREL) und dem varianzbasierten Ansatz (z.B. PLS) (Huber et al., 2007, S. 3). Es gilt vor dem Hintergrund der Fragestellung und Zielsetzung der Untersuchung abzuwägen, welche der beiden Methoden im konkreten Fall geeignet ist. Der PLS-Ansatz bietet im Rahmen der vorliegenden Arbeit vor allem den Vorteil, dass die Schätzung umfangreicher Modelle bereits mit einer relativ geringen Stichprobengröße möglich ist (Huber et al. 2007, S. 10). Zudem ist die Vorhersagekraft größer als bei kovarianzbasierten Ansätzen und es ist keine Normalverteilung erforderlich (Huber et al., 2007, S. 10). Insbesondere für managementorientierte Problemstellungen, bei denen eine gute Erklärung der Veränderung oder Vorhersage der Zielvariablen von Interesse sind, bietet sich daher ein varianzbasierter Ansatz an (Huber et al., 2007, S. 13f.). Entsprechend der genannten Vorteile varianzbasierter Ansätze, erfolgt die Schätzung des Modells in der vorliegenden Arbeit mit der Methode PLS. Hierbei gilt es zunächst eine Unterscheidung zwischen formativer und reflektiver Operationalisierung vorzunehmen. Entscheidend hierfür ist die Richtung der Kausalität (Huber et al., 2007, S. 19). Im reflektiven Messmodell wird angenommen, dass die beobachtbaren Indikatoren durch die latente Variable verursacht („reflektiert") werden (Backhaus et al., 2011, S. 74). In diesem Zusammenhang wird von nach außen gerichteten Beziehungen gesprochen (Ringle, 2004, S. 19). Im formativen Messmodell wird von einer umgekehrten Kausalitätsrichtung ausgegangen. Die beobachtbaren Indikatoren verursachen die latente Variable, d.h. es liegen nach innen gerichtete Beziehungen vor (Ringle, 2004, S. 19). Es wird deutlich, dass im Falle formativer Operationalisierung, anders als bei reflektiver Operationalisierung, Indikatoren nicht einfach eliminiert werden können (Huber et al., 2007, S. 20). Zur Veranschaulichung des Unterschiedes zwischen reflektiver und formativer Operationalisierung dient *Abbildung 10.* Im Beispiel verursacht das Konstrukt „Trunkenheit“ die Indikatoren „Blutalkohol“ und „Reaktionsfähigkeit“. Auf der rechten Seite der Abbildung „formen“ die Indikatoren „konsumierte Biermenge“ und „konsumierte Weinmenge“ das Konstrukt. Da das Untersuchungsmodell in der vorliegenden Arbeit ausschließlich reflektive Konstrukte enthält, beschränkt sich die Darstellung der Gütekriterien auf das reflektive Messmodell sowie das Strukturmodell. Auf eine Erläuterung der Vorgehensweise zur Beurteilung der Güte im formativen Messmodell wird verzichtet.

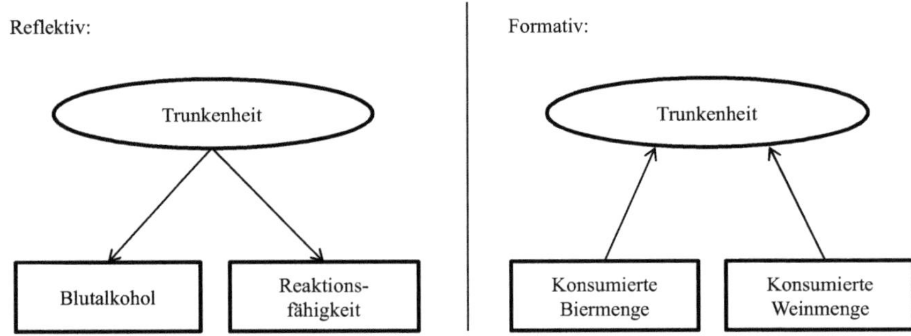

Abbildung 10: Beispiel eines reflektiven und eines formativen Konstruktes[9]

Zunächst lässt sich die Güte der reflektiven Konstruktmessung anhand der Indikatorreliabilität, den Konvergenzkriterien sowie der Diskriminanzvalidität beurteilen (Huber et al., 2007, S. 35f.). Überschreiten die Ladungen der Indikatoren auf das zugehörige Konstrukt einen Wert von 0,7 (besser 0,8) und liegen die t-Werte mindestens bei 1,29 (Signifikanzniveau 10%) ist die Prüfung der Indikatorreliabilität erfolgreich.[10] Im Rahmen der Konvergenzkriterien ist die durchschnittlich erfasste Varianz (Average Variance Extracted – AVE) sowie die Konstruktreliabilität in Augenschein zu nehmen. Für die AVE gelten Werte größer 0,5 als akzeptabel, während die Konstruktreliabilität mindestens bei 0,7 liegen sollte. Anhand des Fornell-Larcker-Kriteriums lässt sich die Diskriminanzvalidität prüfen (Backhaus et al., 2012, S. 142). Für die Erfüllung dieses Kriteriums muss die gemeinsame Varianz zwischen den latenten Variablen und ihren Indikatoren größer sein als die gemeinsame Varianz mit anderen

9 Eigene Darstellung in Anlehnung an Ringle (2004, S. 22).

10 Diese, sowie alle weiteren kritischen Werte dieses Absatzes, sind Huber et al. (2007, S. 34 ff.) entnommen.

latenten Variablen (Huber et al., 2007, S. 36). Schließlich sind für eine geeignete Vorhersagevalidität im reflektiven Messmodell Werte für Stone-Geissers Q^2 größer Null erforderlich. Auf Strukturmodellebene erfolgt zunächst die Hypothesenprüfung anhand der t-Statistik der Pfadkoeffizienten. Da es sich um einen zweiseitigen t-Test handelt, sollte für ein Signifikanzniveau von 10% ein t-Wert größer 1,66 vorliegen (Huber et al., 2007, S. 104). Überschreitet der t-Wert 1,98, kann die Hypothese mit einer Irrtumswahrscheinlichkeit von 5% bestätigt werden. Zudem ist das Vorzeichen der Pfadkoeffizienten zu beachten und auf Konsistenz mit der in der Hypothese postulierten Wirkungsrichtung zu überprüfen. Die Güte des Strukturmodells wird anhand der erklärten Varianz R^2, der Vorhersagevalidität Q^2 sowie der Prüfung auf Multikollinearität beurteilt (Huber et al., 2007, S. 42f.). Die kritischen Werte hierfür sind, wie alle zuvor beschriebenen Gütemaße im Rahmen der PLS-Schätzung, in *Tabelle 6* zusammengefasst.

Messmodell	
Reflektiv	
Gewichte	Irrelevant
Ladung	> 0,7 (besser 0,8)
t-Wert	(Einseitig) > 1,66 (α=5%); 1,29 (α=10%)
Multikollinearität	(nicht möglich)
Vorhersagevalidität	Stone-Geissers Q^2 (Kommunalität) > 0
Unidimensionalität	Höhe und Korrelation Residuen Kreuzladungen
Konvergenz AVE Konstruktreliabilität	 > 0,5 > 0,7
Diskriminanz	Fornell-Larcker-Kriterium

Strukturmodell	
Strukturparameter	(keine Vorgabe)
t-Wert	(Zweiseitig) > 1,98 (α=5%); 1,66 (α=10%)
R^2	> 0,3
Multikollinearität	Variance Inflation Factor (VIF) < 5
Vorhersagevalidität (endogene reflektive Konstrukte)	Stone-Geissers Q^2 (Redundanz) > 0
Betrachtung von Heterogenität im Strukturgleichungsmodell	
Feststellung moderierender Effekte	Gruppenvergleich nach Chin
Feststellung moderierender Effekte Vorhersagevalidität	f^2-Test
	Änderung Stone-Geissers Q^2 (Redundanz)

Tabelle 6: Prüfkriterien für PLS-Modelle

4.2. Konzeption der empirischen Studie

Für die vorliegende empirische Studie bietet sich als Erhebungsmethode eine randomisierte experimentelle Onlinebefragung an, da sie sich, wie oben beschrieben, besonders zur Untersuchung von Ursache-Wirkungsbeziehungen eignet. Ferner hat das Datenerhebungsverfahren der experimentellen Online-Befragung den Vorteil, dass auf kostengünstige Weise in relativ kurzer Zeit eine ausreichend große Teilnehmerzahl generiert werden kann (Bruhn, 2007, S. 100). Der Versuchsablauf ist standardisiert und die Versuchspersonen können sich bequem innerhalb des Studienzeitraums einen passenden Zeitpunkt für die Teilnahme aussuchen. Darüber hinaus werden Verzerrungen im Antwortverhalten der Teilnehmer durch die Anwesenheit des Versuchsleiters vermieden, da die Internetbefragung anonym erfolgte (Huber, 2013, S. 76). Der Fragebogen konnte im Zeitraum vom 10. Juli 2014 bis zum 10. August 2014 online aufgerufen und beantwortet werden. Insgesamt nahmen im Erhebungszeitraum 244 Personen an der Studie teil. Im weiteren Verlauf dieses Kapitels werden nun Untersuchungsobjekt und –design beschrieben. Ferner wird auf zwei Vorstudien eingegangen, mit deren Hilfe wichtige Erkenntnisse für Aufbau und Konzeption der Hauptbefragung gewonnen wurden.

Untersuchungsobjekt

Bei der Wahl des Untersuchungsobjekts wurden im Rahmen der Forschung zu unternehmerischer Scheinheiligkeit und CSI bisher unterschiedliche Vorgehensweisen praktiziert. So kann für die empirische Untersuchung entweder ein fiktives Unternehmen (Wagner et al., 2009, S. 80) oder ein reales Unternehmen bzw. ein realer Fall (Lindenmeier et al., 2012, S. 1367) verwendet werden. Um auszuschließen, dass Erfahrungen aus der Vergangenheit in den Studienergebnissen eine Rolle spielen, bietet sich der Einsatz eines fiktiven Unternehmens an (Brown & Dacin, 1997, S. 72). Dagegen ist bei einem realen Unternehmen zu berücksichtigen, dass den Probanden vorab eine Vielzahl von Informationen über das Unternehmen zur Verfügung steht, die die Untersuchungsergebnisse beeinflussen können. Beide Varianten haben Vor- und Nachteile, die vor dem Hintergrund des konkreten Untersuchungsziels abzuwägen sind. In der vorliegenden Arbeit wird die Auswahl eines geeigneten Untersuchungsobjekts durch den Faktor Consumer-Company Identifikation bestimmt. Da die Identifikation mit einem Unternehmen von unterschiedlichen Größen beeinflusst wird und sich mit der Zeit erst entwickelt (Bhattacharya & Sen, 2003, S. 76), ist es zur Messung dieses Konstrukts nötig, dass die Probanden ein Unternehmen bereits kennen und zumindest ihre Identifikationsstärke einschätzen können. Daher ist der Einsatz eines fiktiven Unternehmens in der vorliegenden Studie keine Option. Um die Wahrscheinlichkeit zu erhöhen, dass alle Probanden tatsächlich in der Lage zur Selbstauskunft bezüglich ihrer Identifikation zum Unternehmen sind, wurde eine Liste von mehreren Unternehmen ausgegeben aus denen dann nach einem vorgegebenen Kriterium zur Auswahl eines Unternehmens aufgefordert wurde (Huber et al., 2014, S. 38). In der Auswahlliste wurden sieben bedeutsame und weithin bekannte Firmen der Informationstechnologiebranche präsentiert (Forbes, 2014). Es handelt sich dabei um Apple, IBM, Intel, Microsoft, Nokia, Samsung und Sony. Zum Produktangebot dieser Unternehmen zählen z.B. Mobiltelefone, Computer oder TV-Geräte. Derartige Produkte sind in nahezu allen deutschen Haushalten vorhanden (van Eimeren, 2013, S. 387). Außerdem werden diese Geräte von einem Großteil der Bevölkerung nahezu täglich für längere Zeit genutzt (ARD/ZDF-Onlinestudie 2014). Daher war davon auszugehen, dass die Fragebogenteilnehmer mit sehr hoher Wahrscheinlichkeit in der Auswahlliste mindestens ein Unternehmen auffinden, zu dem sie eine Beziehung, z.B. durch den Besitz oder die Verwendung eines Produkts, aufgebaut haben. Der Fragebogen wurde letztlich automatisch in Abhängigkeit dieser Auswahl für jeden Probanden individuell angepasst, so dass das gewählte Unternehmen zum Bezugsobjekt aller Fragen bzw. Textelemente wurde.

Vorstudie 1

Zur weiteren Illustration des Untersuchungskontextes in der Befragung erhielten die Teilnehmer erst ein vom Unternehmen veröffentlichtes positives CSR-Statement und anschließend einen fiktiven Zeitungsbericht, durch den das CSR-Versprechen widerlegt und unverantwortliches Unternehmensverhalten offenbart wird. Es wurde also eine proaktive Strategie angewendet, die grundsätzlich im Vergleich zu einer reaktiven Strategie zu einer stärkeren Wahrnehmung von Scheinheiligkeit führt (Barden et al., 2005, S. 1471, sowie Kapitel 2.2). Um für die experimentelle Hauptbefragung ein Szenario zu konstruieren, welches den Untersuchungsfall demonstriert, wurde im Vorfeld eine Pretest durchgeführt, an dem sich insgesamt 21 Personen beteiligten. Mit dem Ziel herauszufinden, welche Themen aus dem Bereich CSI das größte Interesse erwecken und die stärksten Emotionen hervorrufen, wurden den Probanden im Rahmen dieses Pretests vier fiktive Zeitungsartikel vorgelegt. Diese handelten von CSI in den Bereichen Umweltschutz, Korruption, Personalpolitik und Investitionen in die Rüstungsindustrie. Mit den Bereichen Umweltverschmutzung und Arbeitsbedingungen sind zwei allgemein übliche Themenbereiche aus früheren CSR-Studien in der Auswahl enthalten (Wagner et al., 2009, S. 80). In Anlehnung an aktuelle Medienberichte zu unverantwortlichem Verhalten von Unternehmen wurde die Thematik Korruption sowie Investitionen in die Rüstungsindustrie berücksichtigt (Handelsblatt Online, 2007; Handelsblatt Online, 2013a). Im Anschluss an jeden Zeitungsbericht wurden die Probanden gebeten auf einer 7er Likert-Skala ihr Involvement[11] an dem entsprechenden Thema sowie den Grad ihrer Empörung („Consumer Outrage“)[12] über das Verhalten des im Artikel genannten Unternehmens einzuordnen. Die Mittelwerte in *Tabelle 7* zeigen, dass sich die Themen „Korruption“ und „Investitionen ins Rüstungsgeschäft“ nicht für die Hauptbefragung eignen, da das Involvement deutlich geringer ausfällt als bei den Themen „Umweltschutz“ und „faire Arbeitsbedingungen“. Bei den letztgenannten Themen liegt das Involvement mit Werten von 5,97 und 6,19 jeweils auf einem ähnlich hohen Niveau. Die Emotionen der Probanden, die durch das Verhalten der im Zeitungsartikel angesprochenen Unternehmen ausgelöst wurden, unterscheiden sich allerdings

[11] In Anlehnung an Zaichkowsky, 1985, S. 350.
[12] In Anlehnung an Lindenmeier et al., 2012, S. 1371.

relativ stark voneinander. Beim Artikel über unfaire Arbeitsbedingungen ist der Grad der Empörung deutlich höher als beim Artikel zur Missachtung des Umweltschutzes. Damit lässt sich aus den Daten der Vorstudie folgendes Ergebnis ableiten: Aufgrund der ähnlich hohen Ausprägung des Mittelwerts für das Involvement in Kombination mit der deutlich höheren Ausprägung des Grades der Empörung beim Thema „faire Arbeitsbedingungen" im Vergleich zum Thema „Umweltschutz" wurde im Hauptfragebogen der Bereich Arbeitsbedingungen zur Illustration eines Szenarios mit inkonsistenter CSR-Politik verwendet.

	Involvement		**Consumer Outrage**	
	Mittelwert	Standard-abweichung	Mittelwert	Standard-abweichung
Umweltschutz	6,19	0,72	4,82	1,79
Faire Arbeitsbedingungen	5,97	0,98	5,78	1,26
Investitionen ins Rüstungsgeschäft	4,78	1,57	5,39	1,46
Korruption	4,68	1,69	5,27	1,55

Tabelle 7: Ergebnisse Vorstudie 1

Untersuchungsdesign

Um den Einfluss der unabhängigen Variablen Grad der Inkonsistenz und Consumer-Company Identifikation auf die Scheinheiligkeitswahrnehmung mithilfe eines Experiments zu untersuchen, wurden Experimentalsituationen konstruiert. Zwischen diesen Versuchssituationen werden die Ausprägungen der zu untersuchenden abhängigen Variablen realisiert (Between-Group Design). Die Vorteile des Between-Group Designs, bei welchem jeweils nur eine Gruppe eine Versuchssituation sieht, sind, dass während der Befragung keine Langeweile und keine Lerneffekte bei den Studienteilnehmern entstehen. Es kann je nach Zahl der abhängigen und unabhängigen Variablen aus verschiedenen Experimentkonstellationen ausgewählt werden. Im vorliegenden Modell ergibt sich, wie in *Tabelle 8* ersichtlich, ein zweifaktorielles Untersuchungsdesign mit jeweils zwei Faktorstufen, wodurch insgesamt vier möglichen Versuchsgruppen (Zellenkombinationen) resultieren. Mit dieser Untersuchungsanordnung lassen sich sowohl die direkten Effekte der manipulierten unabhängigen Variablen separat als auch die interagierenden Effekte zwischen den beiden Variablen auf die Zielvariablen untersuchen.

Faktor	**Faktorausprägungen**	
Grad der Inkonsistenz in der CSR-Politik	Hoch	Niedrig
Consumer-Company Identifikation	Hoch	Gering

Tabelle 8: Faktoren und Faktorausprägungen

Manipulation der Consumer-Company Identifikation

Die Manipulation der Faktoren erfolgte gemäß einer a priori Einteilung nach dem Zufallsprinzip. Um die Faktorstufen zwischen den Studienteilnehmern zu realisieren, wurden dementsprechend die Hälfte der Probanden zu Beginn des Fragebogens dazu gebeten das Unternehmen zu wählen, welches das stärkste Identifikationsgefühl hervorruft. Der andere Teil wurde hingegen dazu aufgefordert das Unternehmen anzugeben mit dem die Identifikation am geringsten ist.

Manipulation des Grades der Inkonsistenz in der CSR-Politik (Vorstudie 2)

Zur Überprüfung des Untersuchungsmodells soll mithilfe eines Experiments der Einfluss des Grades der Inkonsistenz in der CSR-Politik auf die wahrgenommene unternehmerische Scheinheiligkeit analysiert werden. Für die experimentelle Befragung sind dementsprechend eine Experimentsituation (Szenario) mit hoher sowie ein Szenario mit geringer Inkonsistenz erforderlich. Zu den Einflussfaktoren von Scheinheiligkeit wurde in einer Studie festgestellt, dass die empfundene Scheinheiligkeit selbst dann noch relativ hoch ist, wenn das Verhalten einer Person nur indirekt in Kontrast zu früher geäußerten Verhaltensabsichten steht, d.h. der Grad der Inkonsistenz relativ gering ist (Alicke et al., 2013, S. 684). Aus diesem Grund ist eine zweite Vorstudie nötig um die beiden Szenarien zur Manipulation des Grades der Inkonsistenz für den Hauptfragebogen derart zu konstruieren, dass die Probanden tatsächlich die Inkonsistenz in einem Fall als gering und im anderen Fall als hoch wahrnehmen. Aufbauend auf den Ergebnissen der ersten Vorstudie wurde dazu zwölf Probanden ein Unternehmensstatement aus dem Bereich CSR zum Thema Arbeitsbedingungen vorgelegt, wie es später auch im Hauptfragebogen verwendet werden soll. Anschließend bekamen die Probanden jeweils einen von insgesamt drei fiktiven Zeitungsartikeln zu Arbeitsrechtsverletzungen vorgelegt, der dem vorherigen Statement in unterschiedlich hohem Ausmaß bzw. hinsichtlich drei Abstufungen widerspricht.

Nachdem die Probanden das CSR-Statement des Unternehmens und den Zeitungsbericht gelesen hatten, sollten sie auf einer Skala von 1 bis 7 bewerten, wie ähnlich die zu Beginn dargestellte Verhaltensabsicht des Unternehmens zum im Zeitungsartikel beschriebenen tatsächlichen Verhalten ist (Alicke et al., 2013, S. 697). Wie erwartet wurde die Inkonsistenz nach dem Artikel, bei dem die Arbeitsrechtsverletzungen am extremsten geschildert wurden, als sehr stark wahrgenommen. In der nächsten Abstufung wurden die schlechten Arbeitsbedingungen nicht so extrem dargestellt, indem z.B. die Wochenarbeitszeit nur ganz knapp über der maximal zulässigen Zeit lag und dem Unternehmen, im Gegensatz zum ersten Artikel, weder Kinderarbeit noch Umweltverschmutzung vorgeworfen wurde. Trotzdem lag die wahrgenommene Inkonsistenz auf einem ähnlichen Level wie bei der Bewertung des ersten Zeitungsartikels. Erst durch die ausdrücklich im Artikel genannte Erfüllung zweier Leitlinien neben den zuvor dargestellten Vorwürfen gegenüber dem Unternehmen führte dazu, dass die Inkonsistenz deutlich geringer empfunden wurde als nach den beiden anderen Artikeln. Die zweite Vorstudie zeigt somit, dass die Diskrepanz der wahrgenommenen Inkonsistenz zwischen dem ersten und dem dritten Zeitungsartikel am größten ist. Insbesondere ist hier eine aussagekräftige Differenz zu beobachten. Aus diesem Grund kommen im Hauptfragebogen zum Zweck der Manipulation des Grades der Inkonsistenz die beiden genannten Szenarien zum Einsatz.

Tabelle 9 zeigt das im Fragebogen verwendete CSR-Statement, das die positiven Absichten des Unternehmens wiedergibt.

„Gute Arbeitsbedingungen sind die Voraussetzung damit unsere Mitarbeiter bei ...[13] *ihre Kreativität und ihr Potenzial voll ausschöpfen können und so den Erfolg des Unternehmens sichern. Die Zeiten, in denen ein Unternehmen den gesamten Wertschöpfungsprozess alleine bewältigt hat, sind mittlerweile vorbei. Bis aus einer Idee schließlich ein fertiges Produkt entsteht, arbeiten wir heutzutage überall auf der Welt mit sorgfältig ausgewählten Partnern zusammen und tragen dadurch zu Wachstum und Wohlstand in diesen Regionen bei.* *Wer mit ... zusammenarbeiten möchte, muss sich zur Einhaltung der Menschenrechte verpflichten. Wir arbeiten daran unethische Beschäftigung und Ausbeutung zu stoppen, auch*

[13] Bei der Befragung wurde an dieser Stelle jeweils der Name des vom Probanden gewählten Unternehmens angezeigt.

wenn die Gesetze vor Ort sie erlauben. Unsere Zulieferer müssen ihre Arbeiter jederzeit fair und ethisch korrekt behandeln, eine angemessene Entlohnung ist selbstverständlich. Kinderarbeit dulden wir nicht und wir arbeiten daran sie in unserer Branche zu beseitigen. Grundsätzlich hat jeder Arbeiter das Recht auf Sicherheit und Gesundheit am Arbeitsplatz. Gemeinsam mit unseren Zulieferern arbeiten wir weiter an der Abschaffung überlanger Arbeitszeiten und achten sorgsam auf die Einhaltung der maximal erlaubten 60-Stunden-Woche.“

Tabelle 9: Untersuchungskontext CSR

Die Darstellung von CSI sowie die Manipulation des Grades der Inkonsistenz erfolgten anschließend durch Variation eines fiktiven Zeitungsartikels. Nachdem alle Probanden denselben, oben abgebildeten CSR-Bericht von Seiten des Unternehmens vorgelegt bekamen, gibt es für die Zeitungsartikel zwei unterschiedliche Versionen, deren Aufbau aus Vorstudie 2 hervorgeht. In einer Variante ist das im Artikel beschriebene Unternehmensverhalten in extremer Weise konträr zu dem vorher präsentierten Statement. Hierbei handelt es sich um den in *Tabelle 10* aufgeführten Text:

Aktivisten haben skandalöse Arbeitsbedingungen beim größten Zulieferer von ... in Asien angeprangert. Dem Auftragsfertiger des Technologiekonzerns werden in vier seiner Fabriken schwere Verstöße gegen das Arbeitsrecht vorgeworfen. Ein am Montag in New York veröffentlichter Bericht beklagt ausufernde Überstunden, Vertragsverletzungen, Billiglöhne, Arbeit von Minderjährigen sowie Umweltverschmutzung in den Fabriken. Die Zustände am Arbeitsplatz und in Unterkünften seien sehr schlecht. Es gebe Besorgnisse über Gesundheit und Sicherheit der Arbeiter. Die durchschnittliche Arbeitsstundenzahl pro Woche in den vier untersuchten Fabriken liegt dem Bericht zufolge bei 72 bis 75 Stunden. In Shanghai seien zudem Arbeiter unter Druck gesetzt worden, Formblätter zu unterschreiben, um die wahre Zahl zu vertuschen.

Tabelle 10: Schlimme Zustände bei ...-Zulieferer

Im Gegensatz dazu handelt der zweite, alternative Zeitungsbericht von weitaus geringerem Fehlverhalten eines Unternehmens und soll daher weniger in Widerspruch zu dem davor vom Unternehmen veröffentlichten positiven CSR-Statement stehen. Zudem werden in diesem Artikel nicht ausschließlich Arbeitsrechtsverletzungen thematisiert, sondern es wird auch über die Einhaltung von Arbeitsnormen in bestimmten Bereichen berichtet. Zum Einsatz kam der in *Tabelle 11* formulierte Text.

Aktivisten haben unzureichende Arbeitsbedingungen bei einem Zulieferer von ... in Asien festgestellt. Dem Auftragsfertiger des Technologiekonzerns werden in einer seiner Fabriken Verstöße gegen das Arbeitsrecht vorgeworfen. Ein am Montag in New York veröffentlichter Bericht beklagt Vertragsverletzungen und Umweltverschmutzung in der Fabrik. Die Zustände am Arbeitsplatz und in Unterkünften seien verbesserungswürdig. Es gebe Besorgnisse über Gesundheit und Sicherheit einiger Arbeiter. Die durchschnittliche Arbeitsstundenzahl pro Woche von maximal 60 Stunden pro Woche, wurde hingegen eingehalten, wie die Aktivisten bekanntgaben. Auch Kinderarbeit scheint dem Bericht zufolge kein Thema zu sein bei dem kontrollierten ...-Zulieferer.

Tabelle 11: Schlechte Zustände bei ...-Zulieferer

Wie das CSR-Statement und die beiden anschließend vorgestellten fiktiven Zeitungsberichte zeigen, ist der vermeintliche Unterschied zwischen positivem und negativem CSR-Bericht somit für einen Teil der Befragten sehr groß, d.h. hier herrscht ein hoher Grad der Inkonsistenz. Bei den Teilnehmern, die den abgedruckten Text mit dem Titel „Schlechte Zustände bei ...-Zulieferer“ vorgelegt bekamen, sind die Unterschiede zwischen beabsichtigtem und tatsächlichem Handeln des betreffenden Unternehmens dagegen weniger gravierend, d.h. der Grad der Inkonsistenz ist niedrig.

4.3. Operationalisierung der Modellkonstrukte und der Faktoren

Wie in Kapitel 4.1.2 erläutert, erfolgte die Prüfung der Beziehung zwischen latenten Variablen anhand beobachtbarer Indikatoren dieser Variablen. Eine latente Variable wird in diesem Zusammenhang häufig als Konstrukt bezeichnet (Ringle, 2004, S. 8). Im Rahmen der Kausalanalyse wird grundsätzlich zwischen reflektiver und formativer Operationalisierung unterschieden. Das vorliegende Untersuchungsmodell besteht ausschließlich aus reflektiven Konstrukten. Bevor auf die einzelnen Variablen der Kausalanalyse eingegangen wird, erfolgt zunächst die Darstellung der Operationalisierung der Consumer-Company Identifikation sowie des Grades der Inkonsistenz. Der Einfluss dieser beiden Variablen auf die wahrgenommene Scheinheiligkeit wird experimentell überprüft. Beide Faktoren werden in diesem Zusammenhang a priori manipuliert und sind damit in ihrem Ausmaß für jeden Probanden bereits grob festgelegt. Bei gelungener Manipulation sollte bspw. die Consumer-Company Identifikation relativ gering sein für die Gruppe, die ein Unternehmen wählt, mit dem sie sich in geringem Maße identifiziert. Dennoch sollte mittels einer Befragung überprüft werden, ob die Umweltzustände innerhalb des Experiments wie beabsichtigt wahrgenommen werden. Hierzu ist die Auswahl von geeigneten Checkvariablen erforderlich, deren Güte im Folgenden genauer analysiert wird. Mit der Consumer-Company Identifikation soll gemessen werden, wie stark die Bindung zwischen dem Konsumenten und einem bestimmten Unternehmen ist. Zur Messung werden zwei Alternativen in Betracht gezogen. Einen möglichen Ansatz liefert das bei *Bhattacharya* und *Sen (2001, S. 230)* im CSR-Kontext verwendete Konstrukt der sogenannten Consumer-Company-Congruence. Die Messung dieses Konstrukts beinhaltet ein zweistufiges Vorgehen. Zuerst wird die Consumer-Company-Distance als euklidische Distanz zwischen dem wahrgenommenen Persönlichkeitsprofil des Unternehmens und dem eigenen Profil bei den Probanden gemessen. Zweitens erfolgt die Messung des sogenannten „Identity Overlap“, d.h. der Überdeckung zwischen dem Selbstbild des Konsumenten und dem Image des Unternehmens. Dazu wird eine visuelle Skala verwendet, die auf achte Stufen jeweils zwei Kreise anzeigt, die sich mehr oder weniger überdecken (Bergami & Bagozzi, 2000, S. 564ff.). Die Consumer-Company-Congruence ergibt sich schließlich aus der Consumer-Company-Distance in Kombination mit dem Identity Overlap (Bhattacharya & Sen 2001, S. 229f.). Einen alternativen, weniger aufwendigen Ansatz zur Operationalisierung der Consumer-Company Identifikation liefern *Homburg et al. (2013, S. 68)* im Rahmen ihrer Studie zu CSR in Business-to-Business Märkten. Die Fünf-Item Skala basiert ursprünglich auf einer Arbeit von *Ashforth* und *Mael (1992, S. 122)* und wurde später in einer Arbeit von *Homburg et al. (2009, S. 50)* in angepasster Form verwandt. Um den Umfang und die Komplexität des Fragebogens überschaubar und damit benutzerfreundlich zu halten, erfolgte die Messung der Consumer-Company Identifikation in der vorliegenden Arbeit mithilfe der von *Homburg et al .(2013, S. 68)* verwendeten Skala. Vor Durchführung der Varianzanalyse ist eine Reliabilitätsprüfung durchzuführen, für die Cronbach´s Alpha (CA) ermittelt wurde. In der Literatur wird für diesen Koeffizienten, der ein Maß für die interne Konsistenz einer Skala darstellt (Kuß & Eisend, 2010, S. 99), ein Richtwert von größer als 0,8 empfohlen (Huber et al., 2014, S. 39). Wie *Tabelle 12* zeigt, wird dieses Kriterium mit einem vorhandenen CA von 0,932 deutlich erfüllt, so dass kein Item eliminiert werden musste.

Item	CA	Item-Skala	CA-I
Consumer-Company Identifikation			
Ich identifiziere mich sehr stark mit ...[14]	0,932	0,869	0,906
Es fühlt sich für mich gut an, Kunde von ... zu sein.		0,870	0,906
Ich erzähle gerne anderen, dass ich Kunde von ... bin.		0,813	0,919
Ich fühle mich zugehörig zu ...		0,834	0,916
... teilt die gleichen Werte wie ich.		0,752	0,929

Tabelle 12: Reliabilitätsprüfung für die Skala zur Messung der Consumer-Company Identifikation

CA = Cronbach´s Alpha; **Item-Skala** = Item-Skala Korrelation; **CA-I** = Cronbach´s Alpha, wenn Item entfernt

Als zweiter Einflussfaktor auf die unternehmerische Scheinheiligkeit wurde der Grad der Inkonsistenz in der CSR-Politik eines Unternehmens ausgemacht. Das Untersuchungsmodell der vorliegenden Arbeit verwendete ein Szenario, das eine Diskrepanz zwischen den CSR-Versprechen eines Unternehmens und dem tatsächlichen Verhalten offenbart. Dem Probanden wurde zufällig eine von zwei Textversionen vorgelegt, die in einem Fall zur Wahrnehmung hoher und im anderen Fall zur Wahrnehmung niedriger Inkonsistenz in der CSR-Politik führen soll. Eine grobe Klassifikation des Grades der Inkonsistenz war demnach bereits durch die Fragebogenmanipulation gegeben. Um herauszufinden, ob die Befragten die Inkonsistenz tatsächlich wie beabsichtigt wahrnehmen und um somit ein exakteres Bild dieses Faktors zu erhalten, war es nötig die Probanden nach der Experimentsituation nach ihrer Wahrnehmung zu fragen. Mithilfe einer Checkvariablen kann somit überprüft werden, ob die Faktorstufen zwischen den Probanden realisiert werden. Die Skala von *Alicke et al. (2013, S. 697)* wurde zur Überprüfung der Wahrnehmung des Grades der Diskrepanz zwischen Einstellung und tatsächlichem Verhalten ausgewählt. Es handelt sich dabei, wie *Tabelle 13* zeigt, lediglich um eine Frage, die anhand einer siebenstufigen Skala zu beantworten ist. Es ist anzumerken, dass es sich hier um eine invers formulierte Frage handelt, da ein hoher Wert auf der Skala einen geringen Grad der Inkonsistenz bedeutet.

[14] Im Fragebogen wurde an dieser Stelle jeweils der Name des vom Probanden gewählten Unternehmens angezeigt.

Grad der Inkonsistenz
Wie ähnlich, falls überhaupt, sind die zuerst dargestellten Verhaltensabsichten von … zu dem anschließend im Zeitungsartikel beschriebenen Verhalten von…? *Bitte bewerten Sie die Frage auf einer Skala von 1 (überhaupt nicht ähnlich) bis 7 (absolut ähnlich)*

Tabelle 13: Operationalisierung des Grades der Inkonsistenz

Die unternehmerische Scheinheiligkeit wurde in der Marketingliteratur bisher kaum erforscht. Dementsprechend ist die Auswahl an Messskalen zur Erfassung dieses Phänomens gering. In der vorliegenden Studie erfolgte die Operationalisierung anhand der von *Wagner et al., (2009, S. 90)* entwickelten Skala. Diese wurde in der genannten Studie bereits erfolgreich eingesetzt. Auch eine Arbeit von *Huber et al. (2014, S. 41)* greift auf diese Skala zurück, wobei nur drei der insgesamt sechs Items verwendet werden. Alternative Messskalen konnten nicht gefunden werden. *Tabelle 14* ist zu entnehmen, dass CA einen Wert von 0,884 entspricht und damit über dem geforderten Wert von 0,8 liegt. Alle Items konnen somit für die varianzanalytische Auswertung beibehalten werden.

Indikatorname	Item	CA	Item-Skala	CA-I
Unternehmerische Scheinheiligkeit (US)				
US_1	Meiner Meinung nach verhält sich … scheinheilig.	0,884	0.676	0,867
US_2	Meiner Meinung nach sind das, was … sagt und was es tut zwei verschiedene Dinge.		0,764	0,852
US_3	Meiner Meinung nach versucht … etwas zu sein, was es nicht ist.		0,682	0,868
US_4	Meiner Meinung nach tut … genau das, was es sagt.		0,688	0,866
US_5	Meiner Meinung nach hält … seine Versprechen.		0,668	0,868
US_6	Meiner Meinung nach setzt … seine Worte in Taten um.		0,716	0,861

Tabelle 14: Reliabilitätsprüfung für die Skala zur Messung der unternehmerischen Scheinheiligkeit

US= unternehmerische Scheinheiligkeit; **CA** = Cronbach´s Alpha; **Item-Skala** = Item-Skala Korrelation; **CA-I** = Cronbach´s Alpha, wenn Item entfernt

Die unternehmerische Scheinheiligkeit stellt im gesamten Untersuchungsmodell das zentrale Konstrukt dar und erfährt deshalb eine umfassende Analyse. Einerseits wurde mithilfe der Varianzanalyse der Einfluss zweier Faktoren auf diese Variable untersucht. Andererseits erfolgte eine kausalanalytische Überprüfung der Wirkung unternehmerischer Scheinheiligkeit in Bezug auf verschiedene Variablen. Letztlich ist darauf hinzuweisen, dass die Items US_4, US_5 und US_6 invers formuliert waren, da eine hohe Ausprägung dieser Indikatoren mit geringer Scheinheiligkeit einhergeht.

Die CSR-Beliefs eines Konsumenten beschreiben dessen allgemeine Vorstellungen über das Ausmaß indem ein Unternehmen verantwortungsvoll handelt (Du et al., 2007, S. 225). Im Rahmen der CSR-Forschung konnten zwei wissenschaftliche Arbeiten identifiziert werden, die das Konstrukt empirisch überprüften (Du et al., 2007; Wagner et al., 2009). Die Skalen zur Messung der CSR-Beliefs unterscheiden sich in den beiden Studien nur leicht. *Du et al. (2007, S. 239)* messen das Konstrukt mit zwei Items, die in sehr ähnlicher Weise auch bei *Wagner et al. (2009, S. 90)* eingesetzt werden. Darüber hinaus verwenden *Wagner et al. (2009, S. 90)* im Vergleich zu *Du et al. (2007)* jedoch noch ein zusätzliches Item, das die ethischen Standards eines Unternehmens erfasst. Verwendung finden diese drei Items in ähnlicher Weise auch in Arbeiten von *Maignan (2001, S. 64)* und *Salmones et al. (2005, S. 381f.)*. Da in der Regel der Erklärungsgehalt mit der Anzahl der Indikatoren zunimmt (Huber et al., 2007, S. 12), bietet die Drei-Item- Messskala einen Vorteil und sollte daher in der vorliegenden Untersuchung verwendet werden. Ein weiterer Grund, der für die Wahl der Operationalisierung basierend auf *Wagner et al. (2009, S. 90)* sprach, ist die Tatsache, dass die vorliegende Studie sich stark an der genannten Arbeit orientiert und das dortige Untersuchungsmodell weiterentwickelt. *Tabelle 15* zeigt die eingesetzte Skala.

Indikatorname	**CSR-Beliefs (BE)**
BE_1	Meiner Meinung nach ist … ein gesellschaftlich verantwortungsvolles Unternehmen.
BE_2	Meiner Meinung nach sorgt sich … darum, das Wohlergehen der Gesellschaft zu verbessern.
BE_3	Meiner Meinung nach folgt … hohen ethischen Standards.

Tabelle 15: Skala zur Messung der CSR Beliefs

Neben der unternehmerischen Scheinheiligkeit und den CSR-Beliefs wurde außerdem aus dem grundlegenden Modell von *Wagner et al. (2009)* in der vorliegenden Arbeit die Einstellung zum Unternehmen untersucht. Aufbauend auf einer Studie zur Untersuchung der Wirkung der Größe von Werbeanzeigen von *Homer (1995, S. 5)* finden bei *Wagner et al. (2009, S. 90)* zur Messung der Einstellung vier Gegensatzpaare (z.B. schlecht/gut) Anwendung. Diese werden dort auf einer bipolaren Skala gemessen. Um den Probanden die Beantwortung des Fragebogens durch eine einheitliche Gestaltung der Fragen zu erleichtern, wurden diese Gegensatzpaare in der vorliegenden Arbeit in positive Aussagen umgewandelt. Somit lassen sich die in *Tabelle 16* aufgelisteten Items auf einer Likert-Skala beantworten, wie sie auch im übrigen Fragebogen verwendet wurden.

Einstellung zum Unternehmen (EG)	
EG_1	Im Allgemeinen sind meine Gefühle gegenüber...wohlwollend.
EG_2	Im Allgemeinen sind meine Gefühle gegenüber...gut.
EG_3	Im Allgemeinen sind meine Gefühle gegenüber...angenehm.
EG_4	Im Allgemeinen sind meine Gefühle gegenüber...positiv.

Tabelle 16: Skala zur Messung der Einstellung zum Unternehmen

Zur Operationalisierung des Konstrukts „Unternehmensglaubwürdigkeit" wurde eine Fünf-Item-Skala verwendet, die in der wissenschaftlichen Literatur mehrfach erprobt ist. Erstmalig in einer Arbeit von *Lichtenstein* und *Bearden (1989, S. 61)* zur Wahrnehmung von Referenzpreisen verwendet, wurde damit die Glaubwürdigkeit (Credibility) einer Informationsquelle gemessen. Später griffen *Bobinski et al. (1996, S. 297)* auf dieselbe Skala zurück, um die Glaubwürdigkeit von Einzelhandelsfilialen zu erfassen. Mit inhaltlich sehr ähnlichen Items findet die Operationalisierung der Unternehmensglaubwürdigkeit in verschiedenen Arbeiten von *Lafferty* und *Goldsmith* statt (Lafferty & Goldsmith 1999, S. 112; Goldsmith et al. 2000, S. 47; Lafferty et al. 2002, S. 5). Die Skala in den eben genannten Studien basiert auf vier Items, die den Aspekt der Ehrlichkeit und Vertrauenswürdigkeit aufgreifen und zusätzlich vier Items zur Kompetenz des Unternehmens (Lafferty et al. 2002, S. 5). Zwei dieser Items sind im CSR-Kontext bei der Untersuchung des Zusammenhangs zwischen Unternehmensglaubwürdigkeit und CSR-Images bereits erfolgreich angewendet worden (Alcaniz et al. 2010, S. 183). Wie bereits beschrieben unterscheiden sich die Items der beiden oben genannten Skalen nur minimal voneinander. Inhaltlich wird jeweils die Glaubwürdigkeit und darüber hinaus auch die Vertrauenswürdigkeit des Unternehmens erfasst. Aus dem Grund, dass die Messskala von *Lichtenstein* und *Bearden (1989)* im Gegensatz zur Skala von *Goldsmith et al.(2000)* ein Item mehr aufweist, kam diese in der vorliegenden Arbeit zum Einsatz (siehe *Tabelle 17*). Hierfür sprechen die bessere Erfassung des Bedeutungskerns der latenten Variablen durch die höhere Anzahl an Indikatoren (Huber et al., 2007, S. 12). Zusätzlich fallen Messfehler bei der Ermittlung der Konstruktwerte weniger ins Gewicht.

Indikatorname	**Unternehmensglaubwürdigkeit (UG)**
UG_1	Ich halte ... für aufrichtig.
UG_2	Ich halte ... für ehrlich.
UG_3	Meiner Meinung nach ist ... zuverlässig.
UG_4	In meinen Augen ist ... vertrauenswürdig.
UG_5	... ist nach meiner Ansicht glaubwürdig.

Tabelle 17: Skala zur Messung der Unternehmensglaubwürdigkeit

Mit der Boykott-Intention soll erfasst werden, wie stark der Wunsch einer Person ist, ein Unternehmen in Folge von CSI dadurch zu bestrafen, dass auf den Konsum dessen Produkte verzichtet wird. *Lindenmeier et al. (2012, S. 1366)* haben in ihrer Arbeit die Auswirkungen von unethischem Unternehmensverhalten auf die Empörung der Konsumenten und das daraus resultierende Boykottverhalten untersucht. In diesem Zusammenhang wurden die Boykott-Intention und zusätzlich auch die Boykott-Kommunikation gemessen. Da die Boykott-Kommunikation in der vorliegenden Studie nicht untersucht werden sollte und die Boykott-Intention in der oben genannten Erhebung lediglich mit einem Item abgefragt wird, sollte eine alternative Skala in Betracht gezogen werden. Als besser geeignet, erwies sich die Operationalisierung der sogenannten „willingness-to-punish“. Diese misst im Rahmen den durch unethisches Unternehmensverhalten entstehenden Wunsch nach Bestrafung beim Konsumenten (Sweetin et al., 2013, S. 1827). Mit Hilfe dieser Skala werden die Probanden um Antwort gebeten, wie wichtig es für eine Person ist, ein Unternehmen zu bestrafen, indem man auf den Konsum derer Produkte verzichtet. Ohne dabei explizit den Begriff „Boykott“ zu verwenden, wird also nach dem Boykottverhalten gefragt (Sweetin et al., 2013, S. 1827). Basierend auf diesen Überlegungen wurde die Boykott-Intention in der vorliegenden Studie durch die zuletzt genannte Zwei-Item-Skala gemessen (siehe *Tabelle 18*).

Indikatorname	Boykott-Intention
BI_1	Es ist wichtig für mich, … dadurch zu bestrafen, indem ich keine Produkte von ... konsumiere.
BI_2	Es ist bedeutend für mich, … dadurch zu bestrafen, indem ich keine Produkte von ... konsumiere.

Tabelle 18: Skala zur Messung der Boykott-Intention

Dass Konsumenten zu dem extremen Mittel eines Boykotts greifen, setzt in der Regel voraus, dass negative moralische Emotionen durch moralisch verwerfliches Verhalten eines Unternehmens hervorgerufen werden (Lindenmeier et al., 2012, S. 1369f.). Ob und wie stark moralische Emotionen infolge von CSI auftreten und welche Auswirkungen dies auf das Konsumentenverhalten hat, wurde bereits mehrfach untersucht. Dementsprechend vielfältig sind die verfügbaren Messskalen zur Erfassung dieses Konstrukts. Ein Ansatz die emotionale Reaktion der Konsumenten zu messen, besteht darin die empfundene Empörung und Skandalträchtigkeit in den Mittelpunkt zu stellen und abzufragen (Lindenmeier et al., 2012, S. 1364f.). Eine zweite Möglichkeit ist, verschiedene Emotionen wie Verachtung, Ärger, Empörung oder Angst einzeln mit jeweils mehreren Items zu erfassen (Grappi et al., 2013, S. 1818). Schließlich lässt sich auch direkt mit nur einem Item das empfundene Ausmaß an Empörung oder Verärgerung abfragen (Laurent et al., 2014, S. 68). Diese einfache Variante wurde bereits zur Messung moralischer Emotionen im Zusammenhang mit wahrgenommener Scheinheiligkeit eingesetzt (Laurent et al. 2014, S. 68). Damit bot sich an, in der vorliegenden Studie auf gleiche Weise zu verfahren und mit jeweils einem Item die Verärgerung sowie die Empörung zu erfassen (siehe *Tabelle 19*).

Indikatorname	Moralische Emotionen = Verärgerung (VE) und Empörung (EM)
VE_1	Ich bin verärgert über das Verhalten von …
EM_1	Ich bin empört über das Verhalten von …

Tabelle 19: Items zur Messung der Verärgerung und der Empörung

Um im Rahmen der Kausalanalyse die Güte des reflektiven Messmodells zu beurteilen, sind, wie in Kapitel 4.1.2 erläutert, einige Prüfkriterien in Augenschein zu nehmen.[15] Zunächst wurde in diesem Zusammenhang die Indikatorreliabilität untersucht. Hierfür sind die

[15] Für die Variablen Verärgerung und Empörung wurde an dieser Stelle auf eine Überprüfung des Messmodells verzichtet, da die Variablen mittels einzelnen Indikatoren gemessen wurden.

Faktorladungen sowie die zugehörigen t-Werte der Indikatoren von Interesse. *Tabelle 20* ist zu entnehmen, dass im vorliegenden Modell die Ladungen aller Indikatoren über dem geforderten Wert von 0,7 liegen und das kritische Signifikanzniveau von 5% erreichen, da ihre t-Werte größer 1,66 sind. Daher ist davon auszugehen, dass die Indikatoren ihr jeweils zugehöriges Konstrukt sehr gut repräsentieren. Auf eine Eliminierung einzelner Items kann verzichtet werden. Eine Besonderheit stellt die Messung der Konstrukte Verärgerung und Empörung dar. Beide werden jeweils nur mithilfe eines Indikators erfasst, was die entsprechenden Werte der Ladung bzw. T-Statistik von null bzw. eins in *Tabelle 20* erklärt. Für die Güteprüfung auf Messmodellebene sind neben der Indikatorreliabilität die Konvergenzkriterien sowie die Diskriminanzvalidität von Bedeutung. Zur Erfüllung der Konvergenzkriterien soll die Konstruktreliabilität einen Wert von 0,7 und die AVE einen Wert von 0,8 überschreiten, wobei für die AVE auch noch Werte größer 0,5 akzeptiert werden können. Wie in *Tabelle 21* dargestellt, liegt die Konstruktreliabilität durchweg über 0,9 und damit deutlich über dem kritischen Wert von 0,7. Für die unternehmerische Scheinheiligkeit liegt die AVE mit 0,638 zwar unter dem idealerweise zu überschreitenden Wert, aber immer noch über 0,5.Somit sind die Konvergenzkriterien allesamt erfüllt, ohne dass einzelne Indikatoren eliminiert werden müssen und es kann mit der Prüfung der Diskriminanzvalidität fortgefahren werden. Diese wird mithilfe des Fornell-Larcker-Kriteriums beurteilt, welches fordert, dass die AVE eines Konstruktes größer sein muss als jede quadrierte Korrelation zwischen diesem und einem anderen Konstrukt. Im vorliegenden Modell gilt dies für alle latenten Variablen. Schließlich lassen sich auf Basis von Stone-Geissers Q^2 Aussagen zur Vorhersagevalidität treffen. Ohne Berücksichtigung der Ergebnisse für die Verärgerung und Empörung weisen alle Konstrukte Q^2-Werte größer Null auf, was auf eine geeignete Vorhersagevalidität des reflektiven Messmodells hindeutet.

Indikator	Ladung	T-Statistik	Ergebnis
US_1 (Untern. Scheinheiligkeit)	0,776	27,635	beibehalten
US_2	0,839	38,178	beibehalten
US_3	0,785	28,406	beibehalten
US_4	0,792	25,519	beibehalten
US_5	0,779	16,604	beibehalten
US_6	0,818	30,098	beibehalten
BE_1 (CSR-Beliefs)	0,913	72,378	beibehalten
BE_2	0,907	50,444	beibehalten
BE_3	0,941	113,434	beibehalten
EG_1 (Einstellung zum Untern.)	0,924	72,210	beibehalten
EG_2	0,963	157,431	beibehalten
EG_3	0,958	114,842	beibehalten
EG_4	0,957	121,341	beibehalten
UG_1 (Untern.glaubwürdigkeit)	0,921	94,145	beibehalten
UG_2	0,886	27,992	beibehalten
UG_3	0,886	51,553	beibehalten
UG_4	0,935	76,734	beibehalten
UG_5	0,910	51,394	beibehalten
BI_1 (Boykott-Intention)	0,973	118,810	beibehalten
BI_2	0,976	133,953	beibehalten
VE_1 (Verärgerung)	-		beibehalten
EM_1 (Empörung)	-		beibehalten

Tabelle 20: Ladungen und t-Werte der Indikatoren

Konstrukt	Konstrukt-reliabilität	AVE	Fornell-Larcker-Kriterium	Q^2 (Kommunalität)
Unternehmerische Scheinheiligkeit	0,913	0,638	erfüllt	0,497
CSR-Beliefs	0,943	0,847	erfüllt	0,654
Einstellung zum Unternehmen	0,974	0,904	erfüllt	0,759
Unternehmensglaubwürdigkeit	0,959	0,824	erfüllt	0,682
Boykott-Intention	0,974	0,949	erfüllt	0,680

Tabelle 21: Werte der Gütekriterien des Messmodells

4.4. Ergebnisse der empirischen Studie

4.4.1. Deskriptive Auswertung

Es gibt Hinweise darauf, dass soziodemographische Merkmale bei der Wahrnehmung von unternehmerischer Scheinheiligkeit eine Rolle spielen (Wagner et al., 2009, S. 89). *Lindenmeier et al. (2012, S. 1370)* konnten in einer Studie nachweisen, dass sich die emotionale Reaktion auf CSI bei Frauen und Männern unterscheidet (Lindenmeier et al., 2012, S. 1370). Weiterhin ist zu bemerken, dass es sich bei CSR nicht um ein universelles Konzept handelt, das weltweit einheitlich definiert und interpretiert wird. Vielmehr ist zu beobachten, dass das Verständnis von CSR von Land zu Land variiert (Freeman & Hasnaoui, 2011). Demzufolge beeinflusst die kulturelle Prägung die Bewertung von Ereignissen hinsichtlich CSI oder scheinheiligem Verhalten (Williams & Zinkin, 2008). Auch wenn soziodemographische Eigenschaften in der vorliegenden Studie nicht als eigenständige Variablen in das Untersuchungsmodell einbezogen wurden, lohnt sich ein genauer Blick auf die Charakteristika der Stichprobe, um die Ergebnisse einordnen zu können. *Tabelle 22* zeigt die Häufigkeiten der abgefragten Merkmale und deren Ausprägung. Mit knapp 60% haben etwas mehr Männer als Frauen (40,6%) an der Befragung teilgenommen. Die Altersstruktur betreffend, stellt das Segment der 21 bis 30-Jährigen mit ungefähr einem Drittel den größten Anteil der Stichprobe dar. Beim Blick auf die berufliche Situation der Fragebogenteilnehmer ist festzustellen, dass die bei *Wagner et al. (2009, S. 89)* vorhandene Limitation eines reinen Studenten-Samples, für das vorliegende Modell nicht gilt.

		Häufigkeit	**Prozent**
Geschlecht	Weiblich	99	40,6
	Männlich	145	59,4
	Gesamt	244	100,0
Alter	15 und jünger	0	0,0
	16-20	3	1,2
	21-25	27	11,1
	26-30	56	23,0
	31-40	34	13,9
	41-50	34	13,9
	51-60	42	17,2
	61-70	43	17,6
	71 und älter	5	2,0
	Gesamt	244	100,0
Beruf	Schüler/in	3	1,2
	Student/in	46	18,9
	Angestellte/r	103	42,2
	Beamtin/Beamter	41	16,8
	Selbstständig	17	7,0
	Arbeitssuchend	1	0,4
	Hausfrau/-mann	2	0,8
	Rentner/in	31	12,7
	Gesamt	244	100,0
Kultureller Hintergrund	In DE geboren und aufgewachsen	231	94,7
	Im Ausland geboren, in DE aufgewachsen	5	2,0
	In DE geboren, im Ausland aufgewachsen	2	0,8
	Im Ausland geboren und aufgewachsen	6	2,5
	Gesamt	244	100,0

Tabelle 22: Soziodemographische Zusammensetzung der Stichprobe

Nur knapp ein Fünftel der befragten Personen befindet sich im Studium, während insgesamt 66% entweder als Angestellte/r, Beamte/r oder Selbständige/r beruflich tätig sind. Aufgrund der prägenden Bedeutung des Kulturkreises bezüglich persönlicher Moral- und Wertvorstellungen, sollten die Probanden Angaben zu ihrem Geburtsland sowie dem Land in dem sie aufgewachsen sind, machen. Von insgesamt 244 Teilnehmern sind nur sechs weder in Deutschland geboren noch aufgewachsen. Dagegen sind 231 Personen (94,7%) sowohl in der Bundesrepublik geboren als auch aufgewachsen. Aufgrund dieser Zahlen können die Ergebnisse des Untersuchungsmodells einem deutschen kulturellen Hintergrund zugerechnet werden. Damit folgt diese Studie der Aufforderung von *Wagner et al. (2009, S.89)* nach einer Ausweitung der Untersuchung zu unternehmerischer Scheinheiligkeit auf Kulturkreise außerhalb der USA.

Abschließend soll an dieser Stelle auf die Unternehmensauswahl zu Beginn des Fragebogens eingegangen werden. Auf die Frage, zu welchem Technologiekonzern die Identifikation am höchsten ist, wurde, wie in *Tabelle 23* ersichtlich ist, von den Probanden mit Abstand am häufigsten Apple genannt (45,1%). Am zweithäufigsten, jedoch nicht einmal halb so oft wie Apple, wird Samsung (19,5%) als das Unternehmen genannt, mit dem sich die Befragten am stärksten identifizieren. Interessant ist, dass in der Regel eine hohe Prozentzahl bei starker Identifikation mit einer niedrigen Prozentzahl bei niedriger Identifikation einhergeht und umgekehrt. Dieser plausible Zusammenhang ist bei allen zur Auswahl stehenden Unternehmen beobachtbar, nur für Apple gilt er nicht. Das Unternehmen wird zwar am häufigsten genannt, wenn es um hohe Identifikation geht, aber zugleich auch am zweithäufigsten bei niedriger Identifikation.

	Hohe Identifikation		Niedrige Identifikation	
	Häufigkeit	**Prozent**	**Häufigkeit**	**Prozent**
Apple	60	45,1	23	20,7
IBM	3	2,3	29	26,1
Intel	5	3,8	21	18,9
Microsoft	23	17,3	5	4,5
Nokia	4	3,0	22	19,8
Samsung	26	19,5	7	6,3
Sony	12	9,0	4	3,6
Gesamt	133	100,0	111	100,0

Tabelle 23: Häufigkeitsverteilung Consumer-Company Identifikation

4.4.2. Ergebnisse der Varianzanalyse

Im Rahmen der Varianzanalyse wurde der Einfluss der beiden Faktoren „Grad der Inkonsistenz“ und „Consumer-Company Identifikation“ auf die Wahrnehmung unternehmerischer Scheinheiligkeit empirisch überprüft. Bei jeweils zwei Faktorstufen pro Variable wurden die Probanden auf Basis einer a priori Manipulation in 2x2 Gruppen eingeteilt. Ein Stichprobenumfang zwischen 80 Teilnehmern (20 pro Gruppe) und 120 (30 pro Gruppe) gilt dabei als empfehlenswert (Eschweiler et al., 2007, S. 7). Diese Vorgabe konnte mit insgesamt 244 vollständigen Datensätzen erfüllt werden. Vor Durchführung der Varianzanalyse sind die Manipulation Checks durchzuführen, um zu prüfen, ob die Manipulation unterschiedlicher Szenarien bei den Befragten wie geplant funktioniert hat (Perdue & Summers, 1986, S. 317f.). Um zu testen, ob aus Sicht der Teilnehmer tatsächlich unterschiedliche Umweltzustände vorlagen, werden, wie oben bereits beschrieben, Checkvariablen verwendet. Unter Berücksichtigung des vorliegenden Untersuchungsdesigns eignet sich für die Manipulation Checks der t-Test mit unabhängigen Stichproben (Janssen & Laatz, 2013, S. 350). Bei einem ermittelten rechnerischen t-Wert von 0,000 für die Signifikanz, kann die Manipulation in der vorliegenden Studie als erfolgreich betrachtet werden. Die Mittelwerte der beiden Checkvariablen sind in den einzelnen Gruppen erwartungsgemäß, wie aus *Tabelle 24* ersichtlich wird. Für den Grad der Inkonsistenz liegt der Wert bei Personen des Szenarios hoher Inkonsistenz mit 5,52 über dem Wert des Szenarios niedriger Inkonsistenz (Mittelwert = 4,69). Der Mittelwert für die Consumer-Company Identifikation beträgt bei Personen mit hoher Identifikation 3,36, während er bei Personen mit niedriger Identifikation nur bei 1,39 liegt.

	N	Mittelwert	Standardabweichung
Hohe Inkonsistenz	120	5,52	1,65
Niedrige Inkonsistenz	124	4,69	1,33
Hohe Identifikation	133	3,36	1,33
Geringe Identifikation	111	1,39	0,67

Tabelle 24: Manipulation Checks

Die Durchführung der Varianzanalyse setzt einige Prämissen voraus, die es zu überprüfen gilt. Zunächst sind in den erhobenen Daten Ausreißer zu identifizieren und gegebenenfalls zu eliminieren (Tabachnick & Fidell, 2007, S. 330). Da die hier zugrunde liegende Befragung keine offenen Skalen verwendet, sondern ausschließlich aus 7-Punkt Likert-Skalen besteht, sind in diesem Fall keine Extremwerte oder unplausiblen Werte möglich. Um eine zufällige Zuteilung aller Probanden in die insgesamt vier Gruppen zu gewährleisten, wurde im Rahmen der Fragebogenprogrammierung auf eine Randomisierung mit Urnen (ohne Zurücklegen) zurückgegriffen. *Tabelle 25* zeigt die daraus resultierenden Gruppengrößen. Ein Blick auf die Gruppengröße zeigt, dass alle Testgruppen ungefähr gleich groß sind, d.h. Gleichbesetzung der Zellen vorliegt. Das Verhältnis zwischen größter und kleinster Gruppe beträgt 1,4 (70:50) und liegt somit unter dem kritischen Wert von 1,5 (Stevens, 2002, S. 92).

	Hohe Identifikation	Niedrige Identifikation	Gesamt
Hohe Inkonsistenz	70 Personen	63 Personen	133
Niedrige Inkonsistenz	50 Personen	61 Personen	111
Gesamt	120	124	244

Tabelle 25: Gruppengröße durch Zufallszuteilung

Aufgrund dieser Tatsache lassen sich die Auswirkungen einer möglichen Verletzung der Varianzhomogenität und Normalverteilung bereits im Vorhinein relativieren (Perreault & Darden, 1975, S. 334). Trotzdem sollte eine Prüfung dieser beiden Prämissen vorgenommen werden, da sie die zentralen Annahmen der Varianzanalyse darstellen. Um die abhängigen Variablen der jeweiligen Gruppen auf Normalverteilung zu prüfen, wird der Kolmogorov-Smirnov-Test herangezogen. In der Nullhypothese wird dabei unterstellt, dass die zu untersuchende Reaktionsvariable der zu betrachtenden Teilstichprobe normalverteilt ist. Um diese anzunehmen, sollten die Signifikanzwerte größer als 0,05 sein. Dies ist, wie *Tabelle 26* zeigt, bei fast allen zu analysierenden Gruppen der vorliegenden Daten der Fall. Das Vorliegen von Varianzhomogenität wird mithilfe des Levene-Tests (*Tabelle 27*) geprüft. Zur Erfüllung der Prämisse darf der Signifikanzwert nicht kleiner als 0,05 sein, da die Nullhypothese postuliert, dass sich die Varianzen der betrachteten Variablen in der Grundgesamtheit nicht unterscheiden (Brosius, 2011, S. 488). Da das Signifikanzniveau für die unternehmerische Scheinheiligkeit unterhalb dieses Wertes liegt, ist diese Prämisse hier nicht erfüllt. Aufgrund der bereits angesprochenen Gleichbesetzung der Zellen, wirkt sich die Verletzung der beiden Annahmen jedoch nicht auf die Ergebnisse aus und es kann mit der Überprüfung der Hypothesen begonnen werden. Im Mittelpunkt der Datenauswertung mit der Varianzanalyse steht die Untersuchung des Einflusses der Consumer-Company Identifikation und des Grades der Inkonsistenz in der CSR-Politik in Bezug auf die Wahrnehmung unternehmerischer Scheinheiligkeit. Die dazu in Kapitel 3.1 hergeleiteten Hypothesen werden nacheinander anhand von zwei univariaten Varianzanalysen überprüft. Um einen Effekt als tatsächlich vorhanden anzusehen, sollte bei direkten Effekten ein Signifikanzniveau von maximal 0,1 vorliegen (Nkwocha et al., 2005, S. 55). Wie *Tabelle 28* zeigt, erfüllen alle untersuchten Effekte dieses Kriterium. Für die Identifikation und den Grad der Inkonsistenz werden signifikante Einflüsse auf die unternehmerische Scheinheiligkeit gemessen. Zudem existiert zwischen den beiden Faktoren ein Interaktionseffekt.

Kolmogorov-Smirnov-Test	
Szenario	**US (Signifikanzwert)**
Hohe ID	0,200
Geringe ID	0,051
Hohe IK	0,000
Geringe IK	0,200
Hohe IK / hohe ID	0,696
Hohe IK / niedrige ID	0,338
Geringe IK / hohe ID	0,187
Geringe IK / niedrige ID	0,673

Tabelle 26: Ergebnisse des Kolmogorov-Smirnov-Tests

IK = Grad der Inkonsistenz; **ID** = Consumer-Company Identifikation **US** = Unternehmerische Scheinheiligkeit

Levene-Test		
Abhängige Variable	**F-Wert**	**Signifikanzniveau**
US	5,158	0,002

Tabelle 27: Levene-Test

US = Unternehmerische Scheinheiligkeit

Faktor und Hypothese	QS Typ III	df	Mittel der Quadrate	F-Wert	Signifikanz	Partielles Eta-Quadrat
IK (H_1)	26,001	1	26,001	22,767	0,000	0,087
ID (H_2)	29,051	1	29,051	25,438	0,000	0,096
ID*IK	5,138	1	5,138	4,499	0,035	0,018

Tabelle 28: Hypothesenüberprüfung direkter Effekte auf die unternehmerische Scheinheiligkeit

QS Typ III = Quadratsumme vom Typ III; **df** = Freiheitsgrade; **ID** = Consumer-Company Identifikation; **IK** = Grad der Inkonsistenz

Über die Annahme der Hypothesen entscheidet neben der Signifikanzprüfung ein Mittelwertvergleich, der Auskunft über die Wirkungsrichtung eines Zusammenhangs gibt. Die Ergebnisse dazu sind in *Tabelle 23* zu finden. Der Grad der Inkonsistenz wirkt sich erwartungsgemäß auf die Wahrnehmung unternehmerischer Scheinheiligkeit als abhängige Variable aus. Ist die im Szenario vorgegebene Diskrepanz zwischen den Absichten und dem tatsächlichem Handeln eines Unternehmens groß, so ist der Mittelwert der Scheinheiligkeit größer als bei geringer Diskrepanz. Dementsprechend kann Hypothese H_1 angenommen werden. Der Einfluss der Consumer-Company Identifikation fällt ebenso wie vorher erwartet aus. Bei hoher Identifikation wird das Verhalten des Unternehmens als weniger scheinheilig empfunden als bei niedriger Identifikation. Hypothese H_2 kann somit auch beibehalten werden. Für die einzelnen Faktoren lassen sich zusätzlich Aussagen hinsichtlich deren Effektstärke treffen. Hierzu dient das in *Tabelle 29* dargestellte partielle Eta-Quadrat, welches den prozentualen Varianzerklärungsanteil eines Faktors angibt (Backhaus et al., 2008, S. 174). Zur Einordnung der Werte, dienen die in der Literatur inzwischen anerkannten Schwellenwerte nach *Cohen (1988, S. 280ff.)*. Demnach liegt bei einem partiellen Eta-Quadrat von 1% ein kleiner Effekt vor, während bei einem Wert von 5,9% ein mittlerer Effekt und bei Werten über 13,9% ein starker Effekt vorliegt (Cohen, 1988, S. 208 ff.). Die Ergebnisse in *Tabelle 28* zeigen, dass für beide Faktoren von einem mittleren Effekt auf die abhängige Variable auszugehen ist. Die Identifikation besitzt mit einem Eta-Quadrat von 9,6% im Vergleich zum Grad der Inkonsistenz (8,7) den etwas größeren Erklärungsanteil an der Gesamtvarianz der unternehmerischen Scheinheiligkeit. Ferner ist anzumerken, dass ein signifikanter Effekt von der Interaktion zwischen den beiden Faktoren Consumer-Company Identifikation und Grad der Inkonsistenz ausgeht. Mit einem Eta-Quadrat von 1,8% handelt es sich um einen kleinen Effekt. Dieser Zusammenhang spielt zwar für die Überprüfung des Untersuchungsmodells keine Rolle, wird aber dennoch im Rahmen der Interpretation der Ergebnisse in Kapitel 4.5 in Augenschein genommen.

	Mittelwert US	**Standardfehler**
Hohe ID	4,886	0,093
Niedrige ID	5,582	0,102
Hohe IK	5,563	0,099
Geringe IK	4,905	0,096

Tabelle 29: Mittelwerte unternehmerischer Scheinheiligkeit bei Identifikation und Inkonsistenz

ID = Consumer-Company Identifikation; **IK** = Grad der Inkonsistenz; **US** = Unternehmerische Scheinheiligkeit

4.4.3. Ergebnisse der Kausalanalyse

Nachdem im vorherigen Kapitel die Hypothesen H_1 und H_2 mithilfe einer Varianzanalyse getestet und durch die empirischen Ergebnisse bestätigt wurden, erfolgt die Überprüfung der übrigen Hypothesen (H_3 – H_{11}) mithilfe der Kausalanalyse bzw. des PLS-Ansatzes. Im Rahmen dieser Methode wird bei der Auswertung der Daten ein zweistufiges Vorgehen durchgeführt. Zuerst erfolgt eine Güteprüfung auf Messmodellebene. Im Zuge der Darstellung der Konstruktoperationalisierung (Kapitel 4.3) wurden diese Prüfkriterien bereits ermittelt und dem vorliegenden Messmodell infolgedessen eine geeignete Güte bescheinigt. Im zweiten, Schritt, ist das Strukturmodell zu überprüfen. Hierbei steht die Überprüfung der Modellhypothesen im Mittelpunkt. Über die Beibehaltung der Hypothesen entscheidet die t-Statistik der Pfadkoeffizienten, die in *Tabelle 30* dargestellt ist.

Die Ergebnisse bestätigen eindrucksvoll die Modellhypothesen. Alle abgebildeten Hypothesen sind signifikant und können sogar mit einer Irrtumswahrscheinlichkeit von lediglich 1% (t-Wert > 2,57) beibehalten werden. Das Strukturmodell mitsamt der Pfadkoeffizienten und zugehöriger t-Werte aller Modellbeziehungen sind in *Abbildung 11* veranschaulicht.

t-Statistik	Standardfehler	Ergebnis
H 3: Je größer die wahrgenommene unternehmerische Scheinheiligkeit, desto negativer die Einstellung zum betreffenden Unternehmen.		
12,929	0,046	beibehalten
H 4: Je größer die wahrgenommene unternehmerische Scheinheiligkeit, desto negativer die CSR-Beliefs in Bezug auf das betreffende Unternehmen.		
18,111	0,038	beibehalten
H5: Je größer die wahrgenommene unternehmerische Scheinheiligkeit, desto geringer die Unternehmensglaubwürdigkeit in Bezug auf das betreffende Unter-nehmen.		
23,184	0,032	beibehalten
H6: Je größer die wahrgenommene unternehmerische Scheinheiligkeit, desto größer die Verärgerung über das Unternehmen		
8,047	0,056	beibehalten
H7: Je größer die wahrgenommene unternehmerische Scheinheiligkeit, desto größer die Empörung über das Unternehmen.		
9,005	0,054	beibehalten
H8: Je größer die Verärgerung über das Unternehmen, desto stärker die Boykott-Intention.		
2,715	0,086	beibehalten
H9: Je größer die Empörung über das Unternehmen, desto stärker die Boykott-Intention.		
3,718	0,085	beibehalten

Tabelle 30: Hypothesenüberprüfung

Erwartungsgemäß übt die unternehmerische Scheinheiligkeit einen negativen Effekt auf die Konstrukte Einstellung, Unternehmensglaubwürdigkeit und CSR-Beliefs aus, was durch ein negatives Vorzeichen der entsprechenden Koeffizienten deutlich wird. Es kann vermutet werden, dass die Unternehmensglaubwürdigkeit am stärksten beeinflusst wird. Zwischen der unternehmerischen Scheinheiligkeit und den moralischen Emotionen besteht, wie auch in H_6 und H_7 vermutet, ein positiver Zusammenhang. Die Höhe der Pfadkoeffizienten liegt hier mit Werten von 0,45 für Verärgerung und 0,48 für Empörung auf einem ähnlichen Level. Diese beiden Emotionen beeinflussen wiederum die Boykott-Intention. Im gesamten Strukturmodell wurden für diese Beziehung die niedrigsten Pfadkoeffizienten gemessen, was auf einen geringen Effekt schließen lässt.

Die Beurteilung der Erklärungsgüte des Strukturmodells erfolgt anhand der erklärten Varianz (R^2) und der Vorhersagevalidität (Q^2). Zudem sind die endogenen Modellkonstrukte mit zwei oder mehr Einflussgrößen auf Multikollinearität zu testen. Der R^2-Wert gibt Auskunft über den Anteil der Varianz eines Konstruktes, der durch die vorgelagerten Einflussgrößen erklärt werden kann. Beispielsweise wird die Boykott-Intention zu 27,3% durch die Konstrukte Verärgerung und Empörung erklärt, wie aus *Tabelle 31* ersichtlich ist. Empfohlen werden in der Literatur jedoch Werte größer als 0,3 (Huber et al., 2007, S. 107). Neben der Boykott-Intention liegt das R^2 auch bei der Verärgerung und der Empörung unterhalb des kritischen Wertes. Für die übrigen drei Konstrukte ist das Prüfkriterium erfüllt.

Weiterhin ist die Vorhersagevalidität auf Strukturmodellebene mittels Stone-Geissers Q^2 zu prüfen. Anders als auf Messmodellebene liegt der Fokus hier auf Redundanz anstelle von Kommunalität (Huber et al., 2007, S. 113). Da alle Konstrukte positive Q^2-Werte aufweisen ist zu konstatieren, dass das entsprechende Konstrukt gut durch seine vorgelagerten Größen vorhergesagt werden kann (Huber et al., 2007, S. 113). Die Prüfung auf Multikollinearität beschränkt sich auf die beiden Variablen Verärgerung und Empörung, die der Boykott-Intention vorgelagert sind. Außer der Boykott-Intention wird kein weiteres Modellkonstrukt durch mehr als eine Einflussgröße beeinflusst. Die berechneten VIF-Werte von jeweils 2,92 liegen unter dem kritischen Wert von 5. Somit ist die Prämisse erfüllt, da aufgrund des berechneten VIF-Wertes davon auszugehen ist, dass keine Abhängigkeit zwischen der Verärgerung und der Empörung als Einflussgrößen der Boykott-Intention besteht.

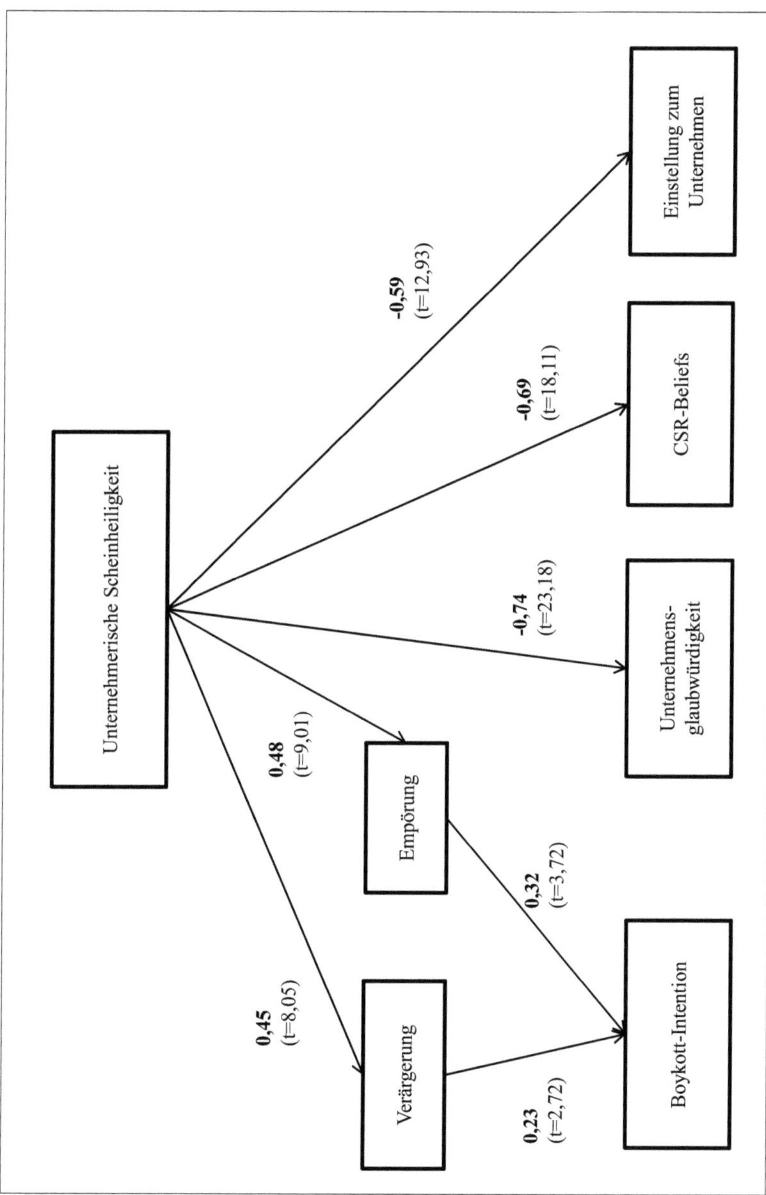

Abbildung 11: Pfadkoeffizienten des Modells

Konstrukt	**Erklärte Varianz R^2**	**Q^2 (Redundanz)**
Einstellung zum Unternehmen	0,348	0,279
CSR-Beliefs	0,471	0,364
Unternehmensglaubwürdigkeit	0,540	0,394
Verärgerung	0,206	0,175
Empörung	0,233	0,197
Boykott-Intention	0,273	0,196

Tabelle 31: R^2- und Q^2-Werte für das Strukturmodell

Nachdem die Hypothesen H_3 bis H_9 empirisch getestet wurden und das Strukturmodell einer Güteprüfung unterzogen wurde, interessiert noch die Prüfung moderierender Effekte aus (Hypothese H_{10} und H_{11}). Es wird angenommen, dass von der Consumer-Company Identifikation und dem Grad der Inkonsistenz die Beziehungen im gesamten Strukturmodell beeinflusst werden. Zur Identifizierung dieser Effekte bietet sich der Gruppenvergleich nach *Chin* an (Huber et al., 2007, S. 118). Dazu wird die Stichprobe im Falle eines dichotomen Moderators in zwei Gruppen aufgeteilt. Anschließend werden die Berechnungen der Strukturmodellebene für jede dieser Gruppen einzeln durchgeführt. In der vorliegenden Studie erfolgt deshalb die Modellschätzung einmal mit allen Probanden, deren Identifikation mit einem Unternehmen hoch ausgeprägt ist und einmal mit denen, die durch eine niedrige Identifikation gekennzeichnet sind. Daraufhin werden die Pfadkoeffizienten der Gruppen untereinander verglichen. Im Anschluss ist durch einen t-Test zu überprüfen, ob die Pfadkoeffizienten der Schätzung der beiden Gruppen sich signifikant unterscheiden. Dasselbe Vorgehen wird darauffolgend für den Grad der Inkonsistenz wiederholt.

Grundlage der Aufteilung in die Teilgruppen ist die Manipulation experimenteller Umweltzustände im Rahmen der Varianzanalyse (siehe Kapitel 4.2 sowie 4.4.2), in dessen Zuge alle Probanden entsprechenden Gruppen zugeteilt wurden. Die Analyse für den Moderator Consumer-Company Identifikation ergibt zunächst, dass alle Pfadkoeffizienten in den beiden Gruppen signifikant auf einem Niveau von 5% sind. Um beurteilen zu können, ob tatsächlich Gruppenunterschiede vorliegen, sind diese nun auf Signifikanz zu prüfen (Huber et al., 2007, S. 122). Die ermittelten Werte zeigt *Tabelle 32*.

	Niedrige Identifikation (n = 124)		**Hohe Identifikation (m = 120)**	
Hypothese	**Pfad-koeffizient**	**Standard-fehler**	**Pfad-koeffizient**	**Standardfeh-ler**
H_3	-0,52	0,07	-0,69	0,06
H_4	-0,62	0,06	-0,76	0,04
H_5	-0,67	0,05	-0,79	0,03
H_6	0,43	0,07	0,44	0,09
H_7	0,45	0,07	0,45	0,09
H_8	0,22	0,11	0,26	0,12
H_9	0,26	0,12	0,32	0,12
Gruppenvergleich	**t-Statistik**			
H_3	1,93			
H_4	1,80			
H_5	1,85			
H_6	-0,07			
H_7	0,01			
H_8	-0,24			
H_9	-0,35			

Tabelle 32: Werte des Gruppenvergleichs für die Consumer-Company Identifikation

Es ist ersichtlich, dass von dem Moderator Consumer-Company Identifikation ein signifikanter Unterschied bezogen auf den Zusammenhang zwischen der wahrgenommenen Scheinheiligkeit und der Einstellung zum Unternehmen (H_3), den CSR-Beliefs (H_4) sowie der Unternehmensglaubwürdigkeit (H_5) ausgeht. Die t-Werte des Gruppenvergleichs für die übrigen Hypothesen (H_6 bis H_9), welche sich auf die Verärgerung, die Empörung und deren Einfluss auf die Boykott-Intention beziehen, liegen unter dem kritischen Wert von 1,66, so dass in diesen Fällen kein signifikanter Gruppenunterschied vorliegt. Das Verhältnis der signifikanten Pfadkoeffizienten gibt Aufschluss über die Wirkungsrichtung des Moderators. Da die betragsmäßigen Werte der Pfadkoeffizienten in der Gruppe mit hoher Identifikation höher sind als in der Vergleichsgruppe, kann vermutete werden, dass hier ein stärkerer Effekt vorliegt. Dieses Ergebnis könnte folgendermaßen interpretiert werden: Von der Consumer-Company

Identifikation geht ein moderierender Effekt aus, der dazu führt, dass der in den Hypothesen H_3 bis H_5 spezifizierte negative Zusammenhang mit steigender Ausprägung der Moderatorvariable zunimmt. Für die übrigen Modellbeziehungen geht vom Faktor Identifikation kein Gruppenunterschied aus. Im Gegensatz zu diesen Resultaten wurde in Hypothese H_{10} ein abschwächender, d.h. gegenteiliger Effekt vermutet. Dies bedeutet, dass die Hypothese abgelehnt werden muss. Anzumerken gilt es, dass die Werte für die erklärte Varianz R^2 und die Vorhersagevalidität Q^2 für die signifikanten Effekte (d.h. H_3, H_4 und H_5) die zu erfüllenden Vorgaben in beiden Gruppen erreichen. Einzige Ausnahme ist der R^2-Wert für die Einstellung zum Unternehmen in der Gruppe der geringen Identifikation ($R^2 = 0{,}267 < 0{,}3$).

Als nächstes ist beim Moderator Consumer-Company Identifikation der Gruppenvergleich für den Grad der Inkonsistenz in der CSR-Politik durchzuführen. Die Pfadkoeffizienten in den Gruppen „geringe Inkonsistenz“ und „hohe Inkonsistenz“ sind mit einer Ausnahme signifikant. Der t-Wert für die Beziehung zwischen Verärgerung und Boykott-Intention (H_8) erreicht beim Szenario geringer Inkonsistenz nicht den kritischen Wert von 1,66. Da der entsprechende Pfadkoeffizient bei hoher Inkonsistenz signifikant ist (t-Wert = 2,95), kann hierfür die folgende Aussage getroffen werden: Ein Effekt der Verärgerung auf die Boykott-Intention besteht nur bei hoher, jedoch nicht bei niedriger Ausprägung des Grades der Inkonsistenz. Um weitere Gruppenunterschiede zu identifizieren, sind die t-Werte des Gruppenvergleichs sowie das Verhältnis der Pfadkoeffizienten in Augenschein zu nehmen (siehe *Tabelle 33*).

Für die Beziehung von unternehmerischer Scheinheiligkeit zu den Konstrukten Verärgerung (H_6) und Empörung (H_7) besteht demnach ein moderierender Effekt des Grades der Inkonsistenz. Der betrachtete Zusammenhang nimmt, im Gegensatz zu den Vermutungen aus H_{11}, mit steigender Ausprägung der Moderatorvariable ab: Bei hoher Inkonsistenz sind die positiven Pfadkoeffizient schwächer ausgeprägt als bei niedriger Inkonsistenz. Neben den beschriebenen Effekten werden keine weiteren signifikanten Gruppenunterschiede für den Grad der Inkonsistenz gemessen. Insgesamt muss Hypothese H_{11} somit abgelehnt werden.

	Geringe Inkonsistenz (n = 111)		**Hohe Inkonsistenz (m = 133)**	
Hypothese	**Pfad-koeffizient**	**Standard-fehler**	**Pfad-koeffizient**	**Standard-fehler**
H_3	-0,48	0,08	-0,60	0,06
H_4	-0,62	0,06	-0,68	0,05
H_5	-0,68	0,06	-0,73	0,04
H_6	0,57	0,06	0,36	0,09
H_7	0,64	0,05	0,34	0,09
H_8	0,19	0,14	0,30	0,10
H_9	0,32	0,15	0,28	0,10
Gruppenvergleich	**t-Statistik**			
H3	1,31			
H4	0,87			
H5	0,81			
H6	1,90			
H7	2,87			
H8	-0,63			
H9	0,20			

Tabelle 33: Werte des Gruppenvergleichs für den Grad der Inkonsistenz in der CSR-Politik

Zusammenfassend lässt sich mit Blick auf das vollständige Untersuchungsmodell sagen, dass die empirischen Daten einen Großteil des in Kapitel 3 hergeleiteten Hypothesensystems bestätigen. Von den insgesamt elf aufgestellten Hypothesen konnten neun Zusammenhänge mithilfe der Studie tatsächlich nachgewiesen werden. Das Erfüllen der meisten Gütekriterien bezeugt, dass die Ergebnisse der varianzanalytischen und kausalanalytischen Modellschätzung im gewissen Ausmaß reliabel und valide sind. Lediglich die Vermutungen bezüglich moderierender Effekte (H_{10} und H_{11}) fanden keine Bestätigung. Auf die Präsentation der Datenauswertung folgen nun im anschließenden Kapitel eine genaue Betrachtung und eine kontextbezogene Einordnung dieser Ergebnisse.

4.5. Interpretation der Ergebnisse

Das vorliegende Modell zur Untersuchung des Phänomens der unternehmerischen Scheinheiligkeit folgt einem zweiteiligen Aufbau. Es beinhaltet sowohl vorgelagerte Einflussgrößen als auch nachgelagerte Variablen, die durch die unternehmerische Scheinheiligkeit selbst beeinflusst werden. Mit Hilfe einer empirischen Überprüfung des Modells konnte gezeigt werden, dass der Grad der Inkonsistenz in der CSR-Politik eines Unternehmens und die Consumer-Company Identifikation die wahrgenommenen Scheinheiligkeit beeinflussen. Liegen CSR-Versprechen und tatsächliches Verhalten eines Unternehmens weit auseinander, wird die Scheinheiligkeit größer empfunden. Dadurch wird bestätigt, dass die Ursache unternehmerischer Scheinheiligkeit in der Inkonsistenz der CSR-Politik liegt. Es ist jedoch darauf hinzuweisen, dass der gemessene Gruppenmittelwert für die wahrgenommene Scheinheiligkeit auch bei geringer Inkonsistenz mit einem Wert von 4,905 relativ hoch ist. Im Szenario mit hoher Inkonsistenz wurden die Befragten mit deutlich heftigeren Fällen von unverantwortlichem Unternehmensverhalten konfrontiert. Dennoch liegt der Mittelwert hier mit 5,563 nicht allzu weit von 4,905 entfernt, wie es die verschiedenen Szenarien eigentlich vermuten lassen. Offensichtlich genügen bereits kleine Vergehen, um beim Konsumenten die Wahrnehmung von Scheinheiligkeit entstehen zu lassen. Zu einem ähnlichen Ergebnis kommt eine Studie aus dem Bereich der Psychologie (Alicke et al., 2013, S. 684).

Auch für die Identifikation mit dem Unternehmen als zweite Einflussgröße konnte ein signifikanter Einfluss auf die unternehmerische Scheinheiligkeit nachgewiesen werden. Eine hohe Identifikation bewirkt, dass das Verhalten des Unternehmens als weniger scheinheilig wahrgenommen wird. Die Ergebnisse sind somit konsistent mit den Überlegungen der Attributionstheorie sowie des SIA. Personen, die sich mit einem Unternehmen verbunden fühlen, nehmen Unternehmensfehlverhalten anders wahr als Personen, die eine niedrige Identifikation mit dem betreffenden Unternehmen aufweisen. Erstgenannte sind offensichtlich eher dazu bereit die Ursachen für das Auftreten von CSI externen Faktoren zuzuschreiben, um ein positives Selbstbild zu erlangen bzw. beizubehalten. Die Ergebnisse bestätigen damit auch die Vermutung von *Bhattacharya* und *Sen (2003, S. 84)*, wonach eine hohe Identifikation für eine größere Widerstandsfähigkeit bzw. Resistenz gegenüber negativen Informationen sorgt. Aus praktischer Sicht ist weiterhin zu vermuten, dass der Konsument mit hoher Identifikation folglich loyaler reagiert und negative Informationen wie CSI umdeutet. Im Kontext von CSR kann dies so interpretiert werden, dass Maßnahmen der CSR aus Unternehmenssicht keine riskanten Investitionen sind. Denn der Konsument, der von hoher Unternehmensidentifikation geprägt ist, nimmt kaum Scheinheiligkeit wahr und wird somit auch in Krisenzeiten zu der Firma stehen. Allumfassend kann dies einerseits bedeuten, dass dieser Verbraucher die Augen verschließt, wenn das CSI vom Unternehmen intendiert war. Andererseits kann aber weiterhin vermutet werden, dass der Konsument mit hoher Identifikation eher Verständnis zeigt, wenn das Unternehmensfehlverhalten tatsächlich von der Unternehmung nicht zu verantworten war.

Ferner sind die Ergebnisse zur Consumer-Company Identifikation vor dem Hintergrund zu betrachten, dass der durch die Checkvariable gemessene Mittelwert für die Gruppe hoher Identifikation lediglich bei 3,36 liegt (bei einer 7er-Likert-Skala). Die Probanden dieser Gruppe waren im Rahmen der Befragung aufgefordert aus einer Liste von sieben Unternehmen dasjenige auszuwählen mit dem sie sich am stärksten identifizieren. Der niedrige Mittelwert lässt darauf schließen, dass ein Großteil der Befragten kein besonders stark ausgeprägtes Zugehörigkeitsgefühl zu einem der vorgelegten Unternehmen besitzt. Ein Vergleich der Eta-Quadrat-Werte der beiden Einflussfaktoren „Grad der Inkonsistenz“ und „Consumer-Company Identifikation“ zeigt, dass diese jeweils einen mittleren Effekt ausüben, wobei die Identifikation einen etwas höheren Varianzerklärungsanteil aufweist.

Die Auswertung der Ergebnisse ergab zudem einen signifikanten Interaktionseffekt zwischen Inkonsistenz und Identifikation. Dieser, in *Abbildung 12* dargestellte Zusammenhang, ist nicht Teil des Untersuchungsmodells, soll hier aber dennoch kurz erläutert werden. Die obere Linie in der Graphik zeigt die Mittelwerte der wahrgenommenen Scheinheiligkeit in der Gruppe mit geringer Identifikation und die Linie darunter die Werte bei hoher Identifikation. Wie aus der Graphik ersichtlich, bewegt sich die Wahrnehmung von Scheinheiligkeit für die Kombination zwischen niedriger Consumer-Company Identifikation und geringem Grad an Inkonsistenz auf einem fast gleichen Level, wie für die Kombination zwischen hoher Identifikation und hoher Inkonsistenz. Der Effekt einer Scheinheiligkeit fördernden Faktorstufe (d.h. hohe Inkonsistenz oder niedrige Identifikation) wird also durch Hinzunahme einer abschwächenden Faktorstufe (d.h. niedrige Inkonsistenz oder hohe Identifikation) ausgeglichen.

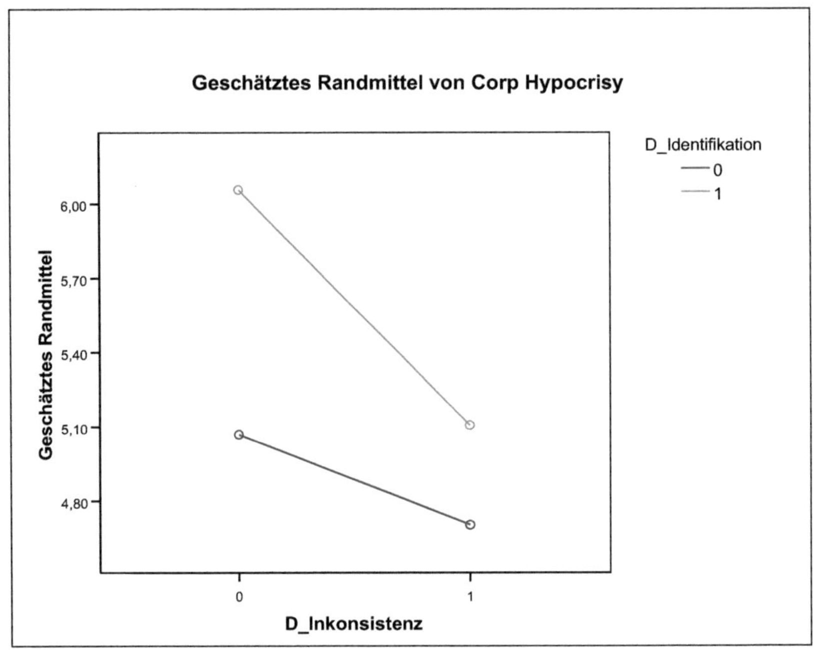

Abbildung 12: Interaktionseffekt der Consumer-Company Identifikation & des Grades der Inkonsistenz

Inkonsistenz = 0: hoher Grad der Inkons. Identifikation = 0: hohe Identifikation

Inkonsistenz = 1: niedriger Grad der Inkons. Identifikation = 1: geringe Identifikation

Das Ergebnis unterstreicht weiterhin die Erkenntnis, dass Konsumenten mit einer organisationalen Identifikation anders auf unternehmerisches Fehlverhalten reagieren. Anknüpfend an die Ergebnisse der direkten Effekte ist ersichtlich, dass der Grad der Inkonsistenz für den Verbraucher mit starker Unternehmensidentifikation kaum einen Unterschied in seiner Unternehmenswahrnehmung bewirkt. Dieser Effekt ähnelt wiederum sehr dem group-serving bias von Lange & Washburn (2012) und dem von Grégoire & Fisher (2006) identifizierten „love is blind"-Phänomen. Dagegen ändert sich die Unternehmenswahrnehmung für den Konsument, der sich nicht mit dem Unternehmen identifiziert, enorm, wenn das Unternehmensverhalten inkonsistenter zu den angekündigten Taten wird. Erneut kann dies so interpretiert werden, dass das Unternehmensbild des „loyalen" Verbrauchers selbst bei stark inkonsistentem Unternehmensverhalten kaum negativ davon belastet wird. Aus dem Blickwinkel des Konsumenten mit niedriger Identifikation rennt das Unternehmen völlig ins Verderben, wenn der Grad der Inkonsistenz zunimmt.

Nachdem sich der erste Teil dieses Kapitels mit den durch die Varianzanalyse gewonnenen Ergebnissen beschäftigt hat, widmet sich der folgende Abschnitt der Datenauswertung mittels PLS-Schätzung. Mit dieser Methode wurden die Auswirkungen der unternehmerischen Scheinheiligkeit untersucht. Dabei konnten signifikante, direkte Effekte auf die Einstellung zum Unternehmen, die CSR-Beliefs, die Unternehmensglaubwürdigkeit sowie die beiden Emotionen Verärgerung und Empörung nachgewiesen werden. Zudem besteht ein indirekter Einfluss auf die Boykott-Intention. Anhand der Werte der Pfadkoeffizienten lässt sich eine Reihenfolge bilden, die angibt, auf welche dieser Konstrukte sich die unternehmerische Scheinheiligkeit am stärksten auswirkt (Huber et al., 2007, S. 116). Demnach wird die Unternehmensglaubwürdigkeit am stärksten beeinflusst, da der zugehörige Pfadkoeffizient mit einem Wert von -0,74 betragsmäßig am größten ist. Knapp dahinter, mit einem Wert von -0,69, folgen die CSR-Beliefs und die Einstellung zum Unternehmen mit einem Pfadkoeffizienten von -0,59. Damit konnten die Ergebnisse der bereits mehrfach erwähnten Studie von *Wagner et al. (2009)* erneut bestätigt werden. Darüber hinaus hat sich herausgestellt, dass die Unternehmensglaubwürdigkeit als neue Variable in das Modell miteinzubeziehen ist. Weiterhin sind die vorliegenden Ergebnisse konsistent mit den Annahmen und Überlegungen der Attributionstheorie. Somit wird einmal mehr die Anwendbarkeit dieser Theorie im Bereich des Marketings bewiesen.

In Übereinstimmung mit einer Arbeit von *Laurent et al., (2014)* konnte die vorliegende Studie nachweisen, dass die Wahrnehmung von Scheinheiligkeit bei den Konsumenten die negativen Emotionen Verärgerung und Empörung auslöst. In diesem Zusammenhang konnten Überlegungen der Appraisal-Theorie erfolgreich angewendet werden. Darüber hinaus bestätigen die Ergebnisse Studien zum Ursache-Wirkungsgefüge von unethischem bzw. unverantwortlichem Unternehmensverhalten und negativ moralischen Emotionen bei Konsumenten (Grappi et al., 2013; Lindenmeier et al., 2012). Die Höhe der Pfadkoeffizienten beider Emotionen liegt mit Werten von jeweils knapp unter 0,5 etwas unter den zuvor diskutierten Konstrukten. Deshalb sind die einzelnen Effekte, die die wahrgenommene Scheinheiligkeit auf die Verärgerung und die Empörung ausübt geringer einzustufen als die Effekte auf die Unternehmensglaubwürdigkeit, CSR-Beliefs und Einstellung zum Unternehmen. Weiterhin wird beim Blick auf die Höhe der Pfadkoeffizienten deutlich, dass beide Emotionen in ungefähr gleichem Ausmaß auftreten, da zwischen den Werten der Verärgerung und Empörung nur eine sehr geringe Differenz von 0,03 liegt. Es gilt schließlich anzumerken, dass bei der Güteprüfung der Konstrukte Verärgerung und Empörung R^2-Werte ermittelt wurden, die unter dem geforderten Schwellenwert liegen. Daraus lässt sich schließen, dass neben der wahrgenommenen Scheinheiligkeit weitere Variablen existieren, die einen Einfluss auf die moralischen Emotionen haben. Denkbare Bestimmungsgrößen sind etwa die Nichterfüllung moralischer Werte oder die individuell empfundene moralische Ungerechtigkeit im Unternehmensverhalten (Lindenmeier et al., 2012, S. 1366).

Wie erwartet, resultiert beim Konsumenten aus dem Auftreten von negativen Emotionen infolge von Unternehmensfehlverhalten der Wunsch bzw. die Bereitschaft, das betreffende Unternehmen für sein unmoralisches Handeln zu bestrafen. Die vorliegenden Ergebnisse zeigen, dass die Boykott-Intention eines Konsumenten positiv mit dessen Verärgerung und Empörung zusammenhängt. Diese Erkenntnis ist jedoch vor dem Hintergrund zu betrachten, dass die erklärte Varianz der Boykott-Intention nicht den in der Literatur geforderten Wert erreicht. Daher muss angenommen werden, dass neben der Verärgerung und Empörung sowie der wahrgenommenen Scheinheiligkeit, die einen indirekten Effekt ausübt, weitere Einflussfaktoren existieren, die die Boykott-Intention beeinflussen. *Klein et al. (2004, S. 105)* weisen in diesem Zusammenhang auf mehrere Faktoren hin, die letztlich dazu führen, dass ein Konsument ein Unternehmen boykottiert. Demnach ist ein negatives bzw. entsetzliches Ereignis nur einer der Gründe, wenn auch ein gewichtiger, weshalb eine Person ein Unternehmen boykottiert. Daneben spielen die Einschätzung, ob sich durch den Boykott tatsächlich etwas verändert, d.h. dessen Effektivität, sowie intrinsische Motive des Konsumenten eine Rolle (Klein et al., 2004, S. 105). Unter intrinsische Motive fällt etwa die persönliche Selbstwertsteigerung durch die Teilnahme an einem Boykott. Auch soziale Komponenten und gruppendynamische Aspekte können die Bereitschaft einer Person an einem Boykott teilzunehmen beeinflussen (Klein et al., 2004, S. 93).

Abschließend sind die Ergebnisse des Gruppenvergleichs im Rahmen der PLS-Schätzung zu diskutieren. Für die Beziehungen im gesamten Strukturmodell wurde ein moderierender Effekt durch die Consumer-Company Identifikation sowie den Grad der Inkonsistenz in der CSR-Politik vermutet. Beide Moderator-Hypothesen wurden jedoch durch die empirischen Ergebnisse nicht bestätigt. Bei einigen Modellbeziehungen konnte zwar ein signifikanter Gruppenunterschied festgestellt werden, allerdings hatten Pfadkoeffizient und Hypothese unterschiedliche Wirkungsrichtungen. Für die Identifikation wurde ein signifikanter Gruppenunterschied hinsichtlich der Wirkung der unternehmerischen Scheinheiligkeit auf die Einstellung (H_3), CSR-Beliefs (H_4) sowie die Unternehmensglaubwürdigkeit (H_5) gemessen. Die Daten zeigen, dass, anders als erwartet, bei hoher Identifikation die Stärke der drei angesprochenen Beziehungen zunimmt. Dementsprechend bewerten Konsumenten, die über ein starkes Zugehörigkeitsgefühl zu einem Unternehmen verfügen, dieses Unternehmen infolge von scheinheiligem Verhalten in stärkerem Ausmaß negativ als Konsumenten mit einer geringen Bindung. In Bezug auf die Ergebnisse der Varianzanalyse zu Hypothese H_2 ist dies eine etwas überraschende und zugleich hochinteressante Erkenntnis. Die Überprüfung von Hypothese H_2 zeigte, dass eine hohe Consumer-Company Identifikation die Wahrnehmung von unternehmerischer Scheinheiligkeit abschwächt. Dagegen legt die Moderator-Hypothese nahe, dass das tatsächliche Empfinden von scheinheiligem Verhalten bei Personen mit hoher Identifikation zum betreffenden Unternehmen zu heftigeren Reaktionen führt. Einerseits wird also Inkonsistenz in der CSR-Politik von einer Person mit niedriger Identifikation eher als scheinheilig angesehen als von einer Person mit hoher Identifikation. Andererseits fällt die Reaktion, wenn schließlich ein bestimmtes Verhalten als scheinheilig bewertet wird, bei hoher Identifikation vergleichsweise stark aus. Eine Erklärung hierfür ist möglicherweise darin zu suchen, dass bei weniger extremen Ereignissen die Consumer-Company Identifikation noch als eine Art Schutzschild gegenüber negativen Informationen wirkt. Wird jedoch mit einem negativen Ereignis eine bestimmte Schwelle überschritten, kehrt sich dieser Effekt um und dieselbe Person zeigt eine vergleichsweise heftige Reaktion (Bhattacharya & Sen, 2003, S. 84). Die Ursache für ein derartiges Verhalten wird darin gesehen, dass sich Personen mit einer engen Bindung zu einem Unternehmen in stärkerem Maße betrogen fühlen und bei extremen Ereignissen das Gefühl haben ihr Vertrauen sei missbraucht worden (Bhattacharya & Sen, 2003, S. 84; Grégoire & Fisher, 2006, S. 255). Im Rahmen der Hypothesenherleitung wurde dieser sogenannte „love-becomes-hate-effect“ bereits angesprochen. Allerdings wurde erwartet, dass dieser erst mit der Zeit und bei mehrmaliger Konfrontation mit negativen Informationen auftritt. Die Ergebnisse zeigen jedoch, dass bereits eine einzige unverantwortliche Handlung, durch die das Unternehmen als scheinheilig wahrgenommen wird, zu diesem Effekt führt. All diese Überlegungen zusammengefasst, wird die Vermutung bekräftigt, dass das Empfinden unternehmerischer Scheinheiligkeit einen psychologischer Schlüsselmechanismus bei der Verarbeitung von unternehmensbezogenen Informationen und speziell CSR-Informationen darstellt (Wagner et al. 2009, S. 79 und S. 90).

Für den Grad der Inkonsistenz konnte lediglich ein signifikanter Gruppenunterschied festgestellt werden. Die Stärke der Beziehung zwischen der unternehmerischen Scheinheiligkeit und den beiden Emotionen Verärgerung und Empörung nimmt mit steigender Inkonsistenz ab. Dies bedeutet, dass negative Emotionen weniger heftig auftreten, wenn ein Konsument ein Unternehmen beobachtet, dass in erheblicher Weise gegen die eigenen Leitlinien bzw. Prinzipien verstößt. Eine Erklärung für die abdämpfende Wirkung und die Tatsache, dass für den Grad der Inkonsistenz keine weiteren signifikanten moderierenden Effekte ausgehen, liefern möglicherweise die Ergebnisse der Manipulation Checks. Hierbei zeigte sich, dass die Probanden, die dem Szenario niedriger Inkonsistenz zugeordnet waren, trotzdem eine relativ hohe Inkonsistenz in der CSR-Politik wahrgenommen haben. Der Mittelwert unterscheidet sich bei einem absoluten Wert von 4,69 lediglich um 0,83 vom Mittelwert des Szenarios mit hoher Inkonsistenz. Diese geringe Differenz in der Wahrnehmung der verschiedenen Umweltzustände könnte ein Grund für kaum vorhandene, signifikante Gruppenunterschiede sein.

Basierend auf den beschriebenen Ergebnissen und deren Interpretation lässt sich nun die erste Forschungsfrage aus Kapitel 1 wie folgt beantworten: Ist die CSR-Politik eines Unternehmens durch hohe Inkonsistenz gekennzeichnet, führt dies in stärkerem Ausmaß zur Wahrnehmung von Scheinheiligkeit als bei geringer Inkonsistenz. Darüber hinaus nehmen Konsumenten, die über eine hohe Identifikation mit dem Unternehmen verfügen, Diskrepanzen zwischen CSR-Versprechen und tatsächlichem Verhalten als weniger scheinheilig wahr im Vergleich zu Personen mit niedriger Identifikation. Aus dieser Erkenntnis lassen sich konkrete Handlungsempfehlungen für Marketingforschung und -praxis ableiten. Der Grad der Inkonsistenz ist für Unternehmen vor allem an der Stelle des eigenen CSR-Statements beeinflussbar, da dieses vom Unternehmen inhaltlich selbst gestaltet und veröffentlicht wird. Die Widerlegung eines CSR-Versprechens, aus der in der öffentlichen Wahrnehmung schließlich Inkonsistenz resultiert, erfolgt dagegen meist durch Berichte in den Medien. Diese sind in der Regel außerhalb der

Kontrolle eines Unternehmens. CSR-Informationen sollten vom Unternehmen so gestaltet werden, dass das Risiko, bei Aufdeckung von Fehlverhalten als hochgradig inkonsistent zu gelten, minimiert wird. Eine Möglichkeit dies zu erreichen, besteht in einer abstrakten und wenig spezifischen Formulierung des eigenen CSR-Statements (Wagner et al., 2009, S. 83f.). Sollen die CSR-Berichte eines Unternehmens dennoch konkret gestaltet werden, ist sorgfältig darauf zu achten, ob das Unternehmen tatsächlich in der Lage ist seine Versprechen einzuhalten. Auch vor dem Hintergrund, dass eine asymmetrische Wirkung von positiven und negativen CSR-Informationen ausgeht, ist hier genau abzuwägen, welche inhaltlichen Aspekte in einem CSR-Versprechen veröffentlicht werden können.

Es konnte gezeigt werden, dass die Identifikation mit einem Unternehmen zu einer geringeren Wahrnehmung unternehmerischer Scheinheiligkeit führt und damit letztlich die Unternehmensbewertung weniger stark leidet. Konsumenten mit hoher Identifikation zum betreffenden Unternehmen reagieren auf negative Informationen widerstandsfähiger als Konsumenten mit niedriger Identifikation. Dies bedeutet im übertragenden Sinne, dass mit Investitionen in CSR kaum das Risiko verbunden ist, im Fall von Corporate Hypocrisy den „Kundenstamm“ zu verlieren, der sich hoch mit dem Unternehmen identifiziert. Vor dem Hintergrund, dass eine negative Meldung zur Wahrnehmung von Scheinheiligkeit führen kann und das Unternehmen infolgedessen verschiedene negative Auswirkungen zu spüren bekommt, sollten Unternehmen die ihnen zur Verfügung stehenden Möglichkeiten nutzen, um die Identifikation ihrer Kunden gezielt zu erhöhen. Denn der Konsument mit hoher organisationaler Identifikation wird selbst in Krisensituationen zu dem betreffenden Unternehmen stehen. Allerdings wird durch die vorliegende Studie auch gezeigt, dass eine hohe Identifikation nicht uneingeschränkt eine abschwächende Wirkung hat, sondern ab einem bestimmten Punkt in einen gegenteiligen Effekt umschlägt. Liegt das Fehlverhalten eines Unternehmens außerhalb eines Toleranzbereichs und wird als scheinheilig empfunden, reagieren Konsumenten mit hoher Identifikation negativer als andere Personen (Bhattacharya & Sen, 2003, S. 84). Es kommt zum sogenannten „love-becomes-hate-effect“ (Grégoire & Fisher, 2008, S. 250ff.). Das vorliegende Untersuchungsdesign beschränkt sich auf die Vorgabe je einer positiven und negativen CSR-Information. In der Realität sehen sich Konsumenten in der Regel jedoch mit deutlich mehr Informationen konfrontiert. Wie bereits *Wagner et al. (2009, S. 89)* fordern, ist es deshalb notwendig langfristig angelegte Studien zur Wahrnehmung unternehmerischer Scheinheiligkeit und den daraus resultierenden Auswirkungen durchzuführen. In diesem Zusammenhang sollte untersucht werden, wie sich der oben angesprochene „love-becomes-hate-effect" über einen längeren Zeitraum und infolge der Konfrontation des Konsumenten mit regelmäßigen CSR-Informationen auswirkt.

Weiterhin zeigen die Ergebnisse der Studie, dass die Consumer-Company Identifikation mit den zur Auswahl stehenden Unternehmen der Technologiebranche relativ gering war. Daher erscheint es sinnvoll, die Untersuchung mit Unternehmen aus anderen Branchen zu wiederholen. Die Verwendung von Automobilmarken ist in diesem Zusammenhang eine Möglichkeit, mit der bereits in einer anderen Studie die soziale Identifikation untersucht wurde (Huber et al., 2014, S. 38). Alternativ kann im Vorfeld der Untersuchung auch mit einem Pretest herausgefunden werden, welche Branchen bzw. welche Unternehmen bei den Konsumenten für hohe Identifikation sorgen und deshalb besonders geeignet sind.

Als Antwort auf die zweite Forschungsfrage aus Kapitel 1 lässt sich konstatieren: Die aus inkonsistenter CSR-Politik resultierende Wahrnehmung von unternehmerischer Scheinheiligkeit führt beim Konsumenten zu einer negativen Unternehmensbewertung. Konkret zeigt sich dieser negative Einfluss hinsichtlich der Größen Unternehmensglaubwürdigkeit, CSR-Beliefs und Einstellung zum Unternehmen. Am stärksten wirkt sich scheinheiliges Verhalten auf die Glaubwürdigkeit aus. Vor dem Hintergrund, dass dieses Konstrukt weitere relevante Unternehmensgrößen wie die Kaufabsicht und die Reputation beeinflusst (Lafferty et al., 2002, S. 2), sollten Unternehmen in besonderem Maße auf Konsistenz in ihrer CSR-Politik achten, um negative Konsequenzen zu verhindern. Es wird deutlich, dass scheinheiliges Verhalten nicht nur die Vorstellungen über das Verantwortungsbewusstsein eines Unternehmens beeinträchtigt, sondern sich negativ auf die allgemeine Konsumentenbewertung auswirkt. Unternehmen sollten deshalb sorgfältig darauf achten, dass sie nicht in Verdacht geraten unmoralisch zu handeln. Für die Marketingforschung besteht die Aufgabe darin, genauer zu untersuchen, ob es bei negativen CSR-Informationen zu einem Effekt, ähnlich dem sogenannten „Halo-Effekt" bei positiven CSR-Informationen kommt. Dieser bringt zum Ausdruck, dass ein verantwortungsbewusstes Unternehmen auch in Bereichen von seinen CSR-Aktivitäten profitiert, die damit auf den ersten Blick nichts zu tun haben (Klein & Dawar, 2004, S. 204; Smith et al., 2010). So kann ein Unternehmen z.B. von seinen CSR-Aktivitäten profitieren, wenn es neue Produkte auf den Markt bringt. Spielt bei der Bewertung eines neuen Produkts durch den Konsumenten der „Halo-Effekts“ eine Rolle, so berücksichtigt der Käufer auch dessen in der Vergangenheit gemachte Erfahrungen bezüglich des Unternehmens und seiner CSR-Aktivitäten (Klein & Dawar, 2004, S. 204).

Eine wichtige Erkenntnis der vorliegenden Studie ist zudem, dass unternehmerische Scheinheiligkeit von den Konsumenten auch dann wahrgenommen wird, wenn die Inkonsistenz in der CSR-Politik nur in geringem Maß auftritt. Für die Managementpraxis bedeutet dies, dass die vom Unternehmen veröffentlichten CSR-Statements sorgfältig zu wählen sind und selbst bei geringen Abweichungen zwischen Worten und Taten gegengesteuert werden sollte. Um die Wahrnehmung von Scheinheiligkeit infolge eines negativen Berichts zu verhindern, ist ein sogenanntes Inoculation-Verfahren zu empfehlen (Wagner et al., 2009, S. 87). Danach kann durch die Veröffentlichung einer Gegendarstellung zu dem negativen Bericht dessen Wirkung auf den Konsumenten abgeschwächt werden (Wagner et al., 2009, S. 89). In diesem Zusammenhang ist es wichtig, dass ein Unternehmen Kommunikationskanäle, die nicht unter dessen Kontrolle liegen, verfolgt. Insbesondere digitale Medien mit großem Verbreitungspotential wie z.B. Online-Netzwerke oder -Foren, sollten vom Unternehmen überwacht werden, um so negativen Berichten frühzeitig mit der Inoculation-Strategie entgegenwirken zu können. Es sollte jedoch beachtet werden, dass die Erfolgsaussicht der Inoculation-Strategie maßgeblich von dem Ausmaß des moralischen Vergehens abhängt.

Bezüglich der dritten Forschungsfrage führen die Ergebnisse der empirischen Studie zu folgendem Ergebnis: Wahrnehmung von unternehmerischer Scheinheiligkeit ruft die negativen Emotionen Empörung und Verärgerung hervor. Diese wiederum beeinflussen den Wunsch des Konsumenten ein Unternehmen mittels Boykott zu bestrafen. Konsistent mit den bisherigen Erkenntnissen in der Marketingforschung wird in der vorliegenden Studie die Notwendigkeit für Unternehmen unterstrichen scheinheiliges Verhalten infolge von Inkonsistenz in der CSR-Politik zu vermeiden, um Schaden vom Unternehmen abzuwenden. Die Bereitschaft zum Boykott stellt einen extremen Fall des Konsumentenverhaltens dar und ist deshalb von großer Relevanz für Unternehmen (Klein et al., 2004, S. 92). Es ergeben sich dadurch direkte negative Auswirkungen für den Umsatz sowie die Reputation eines vom Boykott betroffenen Unternehmens (Hunter et al., 2008, S. 335). Bei börsennotierten Unternehmen kann dies in der Folge zur Abwertung der Marktkapitalisierung führen, wie *Hunter et al. (2004, S. 341)* anhand einer Untersuchung bezüglich des Danone-Boykotts im Jahr 2001 zeigen.[16] Um solch gravierenden Auswirkungen zu vermeiden, sollte das Management eines Unternehmens dafür sorgen, dass sämtliche Unternehmenstätigkeiten in Einklang mit den eigenen CSR-Erklärungen sind.

Die vorliegende Studie berücksichtigt im Zusammenhang mit der Boykott-Intention als Strafmechanismus nicht explizit die zugrunde liegenden Motive der Konsumenten. Diese lassen sich grob in zwei Kategorien einteilen. Zum einen kann der Aspekt der Verhaltenskontrolle (behavior control) von Bedeutung sein. Danach dient ein Boykott als Abschreckung, um dem Unternehmen zu zeigen, dass dessen Fehlverhalten nicht geduldet wird und sich in Zukunft ändern soll (Sweetin et al., 2013, S. 1825). Als zweiter Aspekt kommen Gerechtigkeitsmotive in Frage. Unternehmen, die sich unverantwortlich verhalten haben, erhalten von den Konsumenten in Abhängigkeit des entstandenen Schadens, ihre „wohlverdiente Strafe" (Sweetin et al., 2013, S. 1825). Zukünftige Forschungsstudien könnten genauer untersuchen, welches dieser beiden Motive im Rahmen der Bestrafung von Unternehmen aufgrund von scheinheiligem Verhalten vorliegt bzw. stärker ausgeprägt ist.

CSR richtet sich grundsätzlich an alle Stakeholder-Gruppen eines Unternehmens (Luo & Bhattacharya, 2006, S. 2). In der vorliegenden Studie ist der Fokus auf die Konsumenten gelegt. Um herauszufinden, unter welchen Umständen es bei anderen Gruppen zur Wahrnehmung unternehmerischer Scheinheiligkeit kommt bzw. wie sich diese auswirkt, sollten dahingehend Untersuchungen durchgeführt werden. Vor allem vor dem Hintergrund, dass unterschiedliche Stakeholder-Gruppen zum Teil unterschiedliche Interessen in Bezug auf ein Unternehmen verfolgen, erscheinen hier weitere Untersuchungen sinnvoll (Lange & Washburn, 2012, S. 320). Für Unternehmen könnte es beispielsweise interessant sein, wie die eigenen Mitarbeiter reagieren, wenn das Unternehmen gegen selbst auferlegte CSR-Prinzipien verstößt. Möglicherweise ergeben sich hier Unterschiede zur Reaktion der Konsumenten.

[16] Im Jahr 2001 verkündete die Führung des Lebensmittelkonzerns Danone mehrere Produktionsstätten in Europa schließen zu wollen und infolgedessen etwa 3000 Arbeitsplätze gestrichen werden sollen. Daraufhin kam es in Frankreich zu Streiks der Danone-Mitarbeiter und landesweit zu Boykottaufrufen an die Bevölkerung für Danone-Produkte (Hunter et al., 2004, S. 336f.).

Die vorliegenden Ergebnisse basieren auf der Annahme, dass dem Konsument jeweils eine positive und eine negative CSR-Information zugrunde liegen. Daraus ergibt sich, bezogen auf das Untersuchungsdesign, eine weitere Limitation der Studie. Um den Faktor der Consumer-Company Identifikation sinnvoll und realistisch einbeziehen zu können, wurden im Rahmen der Befragung reale Unternehmen als Untersuchungsobjekte verwendet. Da es sich dabei, wie in Kapitel 4.2 beschrieben, zudem um relativ bekannte Unternehmen handelt, ist davon auszugehen, dass ein Großteil der Probanden bereits über reichlich Informationen zu diesen Unternehmen verfügt. Folglich ist bei der Bewertung der Ergebnisse zu berücksichtigen, dass neben den zwei vorgegebenen CSR-Informationen auch vergangene Erfahrungen eines Probanden bei Beantwortung der Fragen eine Rolle gespielt haben können. Insbesondere der Technologiekonzern Apple stand in den vergangenen Jahren in den Medien mehrfach in der Kritik. Bemängelt wurden immer wieder schlechte Arbeitsbedingungen bei Zulieferern des Unternehmens (FAZ Online, 2012; Handelsblatt Online, 2013b; Taz Online, 2010). Um die Identifikation zwischen Konsument und Unternehmen in der vorliegenden Studie in gewünschter Form untersuchen zu können, wurde der Nachteil, den die Verwendung realer Unternehmen mit sich bringt, in Kauf genommen. Sollen derartige Störgrößen hingegen eliminiert werden, ist die Verwendung eines fiktiven Unternehmens zu empfehlen, da der Forscher so genau bestimmen kann, welche Informationen dem Probanden vorliegen sollen.

5. Schlussbetrachtung und Fazit

In wissenschaftlicher Forschung sowie Managementpraxis ist seit einigen Jahren ein gesteigertes Interesse an dem Konzept CSR zu beobachten. Immer mehr Unternehmen erkennen die positiven Aspekte von CSR und legen Programme auf, mit denen sie auf freiwilliger Basis Engagement in der Gesellschaft zeigen. Gleichzeitig wird der Konsument in den Medien immer wieder mit Berichten über unverantwortliches Unternehmensverhalten und skandalöse Ereignisse konfrontiert. Folge dieser Inkonsistenz ist die Wahrnehmung unternehmerischer Scheinheiligkeit. In der Marketingliteratur fand dieses Phänomen bisher allerdings kaum Beachtung und weist deshalb Forschungslücken auf. Die Untersuchung dieses Phänomens stand deshalb im Mittelpunkt der vorliegenden Studie. Ziel war es herauszufinden, welche Faktoren die Wahrnehmung unternehmerischer Scheinheiligkeit beeinflussen und wie sich dies auf die Konsumentenbewertung auswirkt. Auf dem theoretischen Fundament der Attributionstheorie, des Social Identity Approach sowie der Appraisal-Theorie wurde dazu ein geeignetes Untersuchungsmodell hergeleitet. Anschließend wurden die Hypothesen des Modells anhand einer empirischen Studie überprüft, um herauszufinden, ob die theoretischen Überlegungen auch in der Praxis Gültigkeit besitzen.

Bei der Datenauswertung kamen zwei Analysemethoden zum Einsatz. Für die Einflussgrößen der Scheinheiligkeit erfolgte die Auswertung mithilfe einer Varianzanalyse. Hierbei zeigte sich, dass die Wahrnehmung unternehmerischer Scheinheiligkeit geringer ausfällt, wenn ein Konsument über hohe Identifikation mit dem betreffenden Unternehmen verfügt. Weiterhin besagen die Ergebnisse der Varianzanalyse, dass die Scheinheiligkeit in stärkerem Ausmaß empfunden wird, wenn in der CSR-Politik eines Unternehmens ein hoher Grad an Inkonsistenz vorliegt. Die Beziehung der unternehmerischen Scheinheiligkeit zu verschiedenen nachgelagerten Variablen wurde unter Verwendung des Partial-Least-Squares-Ansatzes geschätzt. In diesem Zusammenhang konnten signifikante negative Effekte auf die Unternehmensglaubwürdigkeit, sowie die Einstellung und die CSR-Beliefs zum betreffenden Unternehmen gemessen werden. Außerdem löst die Wahrnehmung von unternehmerischer Scheinheiligkeit Emotionen in Form von Empörung und Verärgerung aus. Diese wiederum haben direkten Einfluss auf die Boykott-Intention eines Konsumenten. Von allen Effekten innerhalb des Strukturmodells, wirkt sich die Wahrnehmung von scheinheiligem Verhalten am stärksten auf die Unternehmensglaubwürdigkeit aus. Ein interessantes Ergebnis ergab die Überprüfung von moderierenden Effekten. Konsumenten mit hoher Consumer-Company Identifikation bewerten ein Unternehmen, das scheinheiliges Verhalten zeigt, schlechter im Vergleich zu Personen mit geringer Identifikation zu diesem Unternehmen. Dies wurde mit dem sogenannten „love-becomes-hate-effect“ begründet, der auf der Überlegung basiert, dass sich Konsumenten mit hoher Identifikation bei Unternehmensfehlverhalten betrogen fühlen und daher eine heftigere Reaktion als andere Personen zeigen.

Aus den Ergebnissen wurden Implikationen für die Marketingforschung und -praxis abgeleitet. Zunächst bestätigt die vorliegende Studie die umfassenden negativen Auswirkungen, die infolge einer inkonsistenten CSR-Politik für ein Unternehmen entstehen. Unternehmerische Scheinheiligkeit beeinträchtigt sowohl die kognitive Bewertung, als auch die unmittelbare Handlungsabsicht eines Konsumenten. Dementsprechend sollten Unternehmen sehr vorsichtig sein, nicht in Verdacht zu geraten, verantwortungslos bzw. unmoralisch zu handeln. Eine weitere Handlungsempfehlung ergibt sich aus den Ergebnissen zur Consumer-Company Identifikation. Um den negativen Auswirkungen bei moralischen Vergehen und somit dem Auftreten von Inkonsistenz in der CSR-Politik entgegenzuwirken, können Unternehmen Maßnahmen ergreifen, um die Identifikation ihrer Konsumenten zu erhöhen. Dabei ist allerdings zu beachten, dass diese abschwächende Wirkung nur auftritt, wenn das Fehlverhalten innerhalb eines individuell differierenden Toleranzbereichs liegt. Ist eine bestimmte Grenze überschritten und nehmen Konsumenten mit hoher Identifikation ein hohes Ausmaß an Scheinheiligkeit wahr, fällt die Reaktion dieser Personen heftiger aus. Dies ist vor allem bei besonders schwer wiegenden moralischen Vergehen der Fall.

Schließlich wurde auf die Limitationen dieser Studie hingewiesen, aus denen sich zugleich Ansatzpunkte für weitere Untersuchungen ergeben. Als solche wurde die Beschränkung auf die Gruppe der Konsumenten als lediglich eine von mehreren Stakeholder-Gruppen genannt. Wertvolle Erkenntnisse sind zudem aus einer langfristig angelegten Studie zu erwarten, bei der die Probanden mehr als nur ein positives und darauffolgend ein negatives CSR-Statement zu einem Unternehmen erhalten, sondern regelmäßig mit CSR-Informationen konfrontiert werden. Eine weitere Limitation dieser Studie stellt die Fokussierung auf Unternehmen der Technologiebranche als Untersuchungsgegenstand dar. Die vorliegende Studie kann zwar belegen, dass infolge des Auftretens unternehmerischer Scheinheiligkeit die Boykott-Intention steigt. Eine Aussage über die zugrunde liegenden Motive ein Unternehmen zu bestrafen, lässt sich daraus jedoch nicht ableiten. Abschließend lässt sich festhalten, dass die Forschung zum Phänomen unternehmerischer Scheinheiligkeit erst am Anfang steht und weitere Studien nötig sind, um ein umfassenderes und besseres Verständnis dieses Konzepts zu erhalten.

Literaturverzeichnis

Aaker, Jennifer, L. (1997). Dimensions of Brand Personality. *Journal of Marketing Research, 34*, 347-356.

Alcaniz, Enrique B.; Chumpitaz Caceres, Ruben & Perez, Rafael C. (2010). Alliances Between Brands and Social Causes: The Influence of Company Credibility on Social Responsibility Image, *Journal of Business Ethics, 96 (2)*, S. 169-186.

Alicke, Mark; Gordon, Ellen; Rose, David (2013). Hypocrisy: What counts? *Philosophical Psychology, 26 (5)*, 673-701.

Anderson, Norman H. (1974): *Cognitive Algebra: Integration theory applied to social attribution.* In Roger Berkowitz (Ed.), *Advances in Experimental Social Psychology Volume 7* (S. 1-101). New York, London: Academic Press Inc.

ARD/ZDF-Onlinestudie (2014), http://www.ard-zdf-onlinestudie.de/index.php?id=483, Letzter Abruf: 17.09.2014.

Armstrong, Scott J.; Green, Kesten C. (2013). Effects of corporate social responsoibility and irresponsibility policies. *Journal of Business Research, 66*, 1922-1927.

Arnold, Magda B. (1960). *Emotion and Personality Vol. 1, Psychological Aspects.* New York: Columbia University Press.

Aronson, Elliot; Akert, Robin M. & Wilson, Timothy D. (2008). *Sozialpsychologie.* München: Pearson Deutschland GmbH.

Ashforth, Blake E. & Mael, Fred (1989). Social Identity Theory and the Organization. *The Academy of Management Review, 14(1),* 20-39.

Ashforth, Blake E. & Mael, Fred (1992). Alumni and their alma mater: A partial test of the reformulated model of organizational identification. *Journal of Organizational Behavior, 13,* 103-123.

Backhaus, Klaus; Erichson, Bernd; Plinke, Wulff & Weiber, Rolf (2008). *Multivariate Analysemethoden: Eine anwendungsorientierte Einführung* (12. Auflage). Berlin, Heidelberg: Springer.

Backhaus, Klaus; Erichson, Bernd & Weiber, Rolf (2011). *Fortgeschrittene Multivariate Analysemethoden: Eine anwendungsorientierte Einführung.* Berlin, Heidelberg: Springer.

Barden, Jamie; Rucker, Derek D.; Petty, Richard E. (2005). „Saying One Thing and Doing Another“: Examining the Impact of Event Order on Hypocrisy Judgements of Others. *Personality and Social Psychology Bulletin, 31 (11)*, 1463-1474.

Becker-Olsen, Karen L.; Cudmore, Andrew & Hill, Ronald Paul (2006). The impact of perceived corporate social responsibility on consumer behavior. *Journal of Business Research, 59*, 46-53.

Bergami, Massimo & Bagozzi, Richard P. (2000). Self-Categorization, affective commitment and group self-esteem as distinct aspects of social identity in the organization. *British Journal of Social Psychology, 39 (4)*, 555-577.

Bhattacharya, C.B.; Sen, Sankar (2001). Does Doing Good Always Lead to Doing Better? Consumer Reactions to Corporate Social Responsibilty. *Journal of Marketing Research, 38*, 225-243.

Bhattacharya, C.B.; Sen, Sankar (2003). Consumer-Company Identification: A Framework for Understanding Consumers′ Relationships with Companies. *Journal of Marketing, 67*, 76-88.

Bobinski, George S. Jr.; Cox, Dena & Cox, Anthony (1996). Retail "Sale" Advertising, Perceived Retailer Credibility, and Price Rationale. *Journal of Retailing, 72 (3)*, 291-306.

Bowen, Howard R. (1953). *Social Responsibilities of the businessman.* New York: Harper.

Brosius, Felix (2011). *SPSS 19.* Heidelberg: mitp.

Brown, Tom J. & Dacin, Peter A. (1997). The Company and the Product: Corporate Associations and Consumer Product Responses. *Journal of Marketing, 61*, 68-84.

Bruhn, Manfred (2007). *Marketing* (8. Auflage). Wiesbaden: Gabler.

Carroll, Archie B. (1979). A Three-Dimensional Conceptual Model of Corporate Performance. *The Academy of Management Review, 4 (4)*, 497-505.

Carroll, Archie B. (1991). The Pyramid of Corporate Social Responsibility: Toward the Moral Management of Organizational Stakeholders, *Business Horizons, July-August,* 39-48.

Carroll, Archie B. (1999). Corporate Social Responsibility – Evolution of a Definitional Construct. *Business & Society, 38 (3)*, 268-295.

Cohen, Jacob (1988). *Statistical Power Analysis for the Behavioral Sciences.* Hillsdale, New Jersey: Lawrence Erlbaum associates.

Dahlsrud, Alexander (2008). How corporate social responsibility is defined: an analysis of 37 definitions. *Corporate Social Responsibility and Environmental Management, 15 (1)*, 1-13.

De Quervain, Dominique J.-F.; Fischbacher, Urs; Treyer, Valerie; Schellhammer, Melanie; Schnyder, Ulrich; Buck, Alfred & Fehr, Ernst (2004). The Neural Basis of Altruistic Punishment. *Science, 305*, 1254-1258.

Du, Shuili; Bhattacharya, C.B. & Sen, Sankar (2007). Reaping relational rewards from corporate social responsibility: The role of competitive positioning. *International Journal of Research in Marketing, 24*, 224-241.

Ellsworth, Phoebe C. & Scherer, Klaus S. (2003). *Appraisal Processes in Emotion*. In: R.J. Davidson; K.R. Scherer & H. Goldsmith (Eds.), *Handbook of the Affective Sciences* (S. 572-595). New York, Oxford University Press.

Europäische Kommission (2001). Grünbuch – Rahmenbedingungen für die soziale Verantwortung der Unternehmen. KOM 366, Brüssel.

Europäische Kommission (2011). Eine neue EU-Strategie (2011-14) für die soziale Verantwortung der Unternehmen (CSR), KOM 681, Brüssel.

Eschweiler, Maurice; Evanschitzky, Heiner & Woisetschläger, David (2007). Ein Leitfaden zur Anwendung varianzanalytisch ausgerichteter Laborexperimente. *Wirtschaftswissenschaftliches Studium, 36 (12)*, 546-554.

Farkas, Arthur J. & Anderson, Norman H. (1976). Integration theory and inoculation theory as explanations of the "paper tiger" effect. *The Journal of Social Psychology, 98*, 253-268.

FAZ Online (2012). Foxconn – Apples Sündenbock in China. http://www.faz.net/aktuell/wirtschaft/unternehmen/ foxconn-apples-suendenbock-in-china-11923331.html, Letzter Abruf: 08. Oktober 2014.

Ferry, W. H. (1962). Forms of Irresponsibility. *The ANNALS of the American Academy of Political and Social Science, 343 (1)*, 65-74.

Forbes (2014). The World´s Most Valuable Brands. http://www.forbes.com/ powerful-brands/list/, Letzter Abruf: 25. Juni 2014.

Freeman, Ina & Hasnaoui, Amir (2011). The Meaning of Corporate Social Responsibility: The Vision of Four Nations. *Journal of Business Ethics, 100*, 419-443.

Fried, Carrie B.; Aronson, Elliot (1995). Hypocrisy, Misattribution, and Dissonance Reduction. *Personality and Social Psychology Bulletin, 21 (9)*, 925-933.

Frijda, Nico H. (1993). The Place of Appraisal in Emotion. *Cognition and Emotion, 7 (3/4),* 357-387.

Frooman, Jeff (1997). Socially Irresponsible and Illegal Behavior and Shareholder Wealth. *Business & Society, 36 (3),* 221-249.

Goldsmith, Ronald E.; Lafferty, Barbara A. & Newell, Stephen J. (2000). The Impact of Corporate Credibility and Celebrity Credibility on Consumer Reaction to Advertisements and Brands. *Journal of Advertising, 29 (3),* 43-54.

Grappi, Silvia; Romani, Simona; Bagozzi, Richard P. (2013). Consumer response to corporate irresponsible behavior: Moral emotions and virtues. *Journal of Business Research, 66*, 1814-1821.

Grégoire, Yany & Fisher, Robert J. (2008). Customer betrayal and retaliation: when your best customers become your worst enemies. *Journal of the Academy Marketing Science, 36*, 247-261.

Grégoire, Yany, Tripp, Thomas M. & Legoux, Renaud (2009). When Customer Love Turns into Lasting Hate: The Effects of Relationship Strength and Time on Customer Revenge and Avoidance. *Journal of Marketing, 73*, 18-32.

Hall, Edward T. (1994). *Understanding Cultural Differences*, Yarmouth, ME: Intercultural Press.

Hamilton, V. Lee (1980). Intuitive Psychologist or Intuitive Lawyer? Alternative Models of the Attribution Process. *Journal of Personality and Social Psychology, 39 (5),* 767-772.

Haslam, Alexander S.; Powell, Clare & Turner, John C. (2000). Social Identity, Self-categorization, and Work Motivation: Rethinking the Contribution of the Group to Positive and Sustainable Organisational Outcomes. *Applied Psychology: An International Review, 49 (3),* 319-339.

Haslam, Alexander S. (2004). *Psychology in Organizations: The Social Identity Approach.* London; Thousand Oaks, CA: Sage Publications.

Handelsblatt Online (2007). Skandale erschüttern den Konzern – Siemens und seine Brandherde. http://www.handelsblatt.com/unternehmen/industrie/skandale-erschuettern-den-konzern-siemens-und-seine-brandherde/2789008.html, Letzter Abruf: 12. Mai 2014.

Handelsblatt Online (2013a). Friedensstudie – Deutsche Banken finanzieren Atomwaffenbauer. http://www.handelsblatt.com/unternehmen/banken/friedensstudie-deutsche-banken-finanzieren-atomwaffen-bauer/8914258.html, Letzter Abruf: 19. Mai 2014.

Handelsblatt Online (2013b). Schlimme Zustände bei Apple-Zulieferer. http://www.handelsblatt.com/unternehmen/it-medien/arbeitsaktivisten-schlimme-zustaende-bei-apple-zulieferer/8561200.html, Letzter Abruf: 19. Mai 2014.

Heider, Fritz (1958). *The Psychology of Interpersonal Relations*. Hillsdale, NJ: Erlbaum.

Hofstede, Geert (2003). *Culture's Consequences. International Differences in Work-Related Values*. (2. Auflage) Newbury Park, CA.

Hogg, Michael A. & Terry, Deborah J. (2000). Social Identity and Self-Categorization Processes in Organizational Contexts. *The Academy of Management Review, 25 (1),* 121-140.

Homburg, Christian; Wieseke, Jan & Hoyer, Wayne D. (2009). Social Identity and the Service-Profit Chain, *Journal of Marketing, 73,* 38-54.

Homburg, Christian; Stierl, Marcus & Bornemann, Torsten (2013). Corporate Social Responsibility in Business-to-Business Markets: How Organizational Customers Account for Supplier Corporate Social Responsibility Engagement. *Journal of Marketing, 77,* 54-72.

Homer, Pamela M. (1995). Ad Size as an Indicator of Perceived Advertising Costs and Effort: The Effects on Memory and Perceptions, *Journal of Advertising, 24 (4)*, 1-12.

Huber, Frank; Herrmann, Andreas; Meyer, Frederik; Vogel, Johannes & Vollhardt, Kai (2007). *Kausalmodellierung mit Partial Least Squares – Eine anwendungsorientierte Einführung*. Wiesbaden: GWV Fachverlage GmbH.

Huber, Frank; Meyer, Frederik; Strieder, Kerstin & Gilliver, William (2014). *Im Visier des Konsumenten – Eine empirische Analyse der Reaktion auf Corporate Social Irresponsibility*. Center of Market-Oriented Product and ProductionManagement - Forschungsorientierte Arbeitspapiere F 30, Mainz.

Huber, Oswald (2013). Das psychologische Experiment: Eine Einführung. 6. Überarbeitete Auflage, Bern: Verlag Hans Huber.

Janssen, Jürgen & Laatz, Wilfried (2013). *Statistische Datenanalyse mit SPSS* (8. Auflage). Berlin, Heidelberg: Springer Gabler

Jones, Brian, Bowd, Ryan & Tench, Ralph (2009). Corporate irresponsibility and corporate social responsibility: competing realities. *Social Responsibility Journal, 5 (3),* 300-310.

Jorgensen, Brian K. (1994). Consumer Reaction to Company-Related Disasters: The Effect of Multiple Versus Single Explanations. *Advances in Consumer Research, 21*, 348-352.

Kelley, Harold H. (1972). *Causal schemata and the attribution process.* In E.E. Jones (Ed.), *Attribution: Perceiving the causes of behavior* (S. 151-174). Morristown, NJ: General Learning Press.

Kelley, Harold H. (1973). The Process of Causal Attribution. *American Psychologist, February,* 107-128.

Klein, Jill & Dawar, Niraj (2004). Corporate social responsibility and consumers′ attributions and brand evaluations in product-harm crisis. *International Journal of Research in Marketing, 21 (3),* 203-217.

Klein, Jill; Smith, Craig N. & John, Andrew (2004). Why We Boycott: Consumer Motivations for Boycott Participation. *Journal of Marketing, 68 (3),* 92-109.

Kelley, Harold H. & Michela, John L. (1980). Attribution theory and research. *Annual review of psychology, 31 (1),* 457-501.

KPMG (2011). International Survey of Corporate Responsibility Reporting 2011.). http://www.kpmg.com/PT/pt/IssuesAndInsights/Documents/ corporate-responsibility2011.pdf, Letzter Abruf: 05. Oktober 2014.

Kroeber-Riel, Werner, Weinberg, Peter, & Gröppel-Klein, Andrea (2009). Konsumentenverhalten, 9., überarbeitete, aktualisierte und ergänzte Auflage. München: Verlag Franz Vahlen.

Kuß, Alfred & Eisend, Martin (2010). *Marktforschung – Grundlagen der Datenerhebung und Datenanalyse* (3. Auflage), Wiesbaden: Gabler.

Lafferty, Barbara A. & Goldsmith, Ronald E. (1999). Corporate Credibilitys′ Role in Consumers′ Attitudes and Purchase Intentions When a High versus a Low Credibility Endorser Is Used in the Ad. *Journal of Business Research, 44*, 109-116.

Lafferty, Barbara A.; Goldsmith, Ronald E. & Newell, Stephen J. (2002). The dual credibility model: The influence of corporate and endorser credibility on attitudes and purchase intentions. *Journal of Marketing Theory and Practice, 10 (3),* 1-12.

Lange, Donald & Washburn, Nathan T. (2012). Understanding attributions of corporate social irresponsibility. *Academy of Management Review, 37 (2),* 300-326.

Laurent, Sean M; Clark, Brian A.M.; Walker, Stephannie & Wiseman, Kimberly D. (2014). Punishing hypocrisy: The roles of hypocrisy and moral emotions in deciding culpability and punishment of criminal and civil moral transgressors. *Cognition and Emotion, 28 (1),* 59-83.

Lazarus, Richard S. (1966). *Psychological Stress and the Coping Process.* New York: Mc Graw Hill.

Lazarus, Richard S. & Smith, Craig A. (1988). Knowledge and appraisal in the cognition-emotion relationship. *Cognition and Emotion, 2,* 281-300.

Leventhal, Howard & Scherer, Klaus (1987). The relationship of emotion to cognition: a functional approach to a semantic controversy. *Cognition and Emotion, 1*, 3-28.

Lichtenstein, Donald R. & Bearden, William O. (1989). Contextual Influences on Perceptions of Merchant-Supplied Reference Prices. *Journal of Consumer Research, 16 (1),* 55-66.

Lindenmeier, Jörg; Schleer, Christoph & Pricl, Denise (2012). Consumer outrage: Emotional reactions to unethical corporate behavior. *Journal of Business Research, 65*, 1364-1373.

Lin-Hi, Nick & Müller, Karsten (2013). The CSR bottom line: Preventing corporate social irresponsibility, *Journal of Business Research, 66,* 1928-1936.

Luo, Xueming & Bhattacharya, C.B. (2006). Corporate Social Responsibility, Customer Satisfaction, and Market Value. *Journal of Marketing (70),* 1-18.

Maignan, Isabelle (2001). Consumers′ Perceptions of Corporate Social Responsibilities: A Cross-Cultural Comparison, *Journal of Business Ethics, 30 (1),* 57-72.

Minor, Dylan & Morgan, John (2011). CSR as Reputation Insurance. *California Management Review, 53 (3)*, 40-59.

Mohr, Lois A.; Webb, Deborah J. & Harris, Katherine E. (2001). Do Consumers Expect Companies to be Socially Responsible? The Impact of Corporate Social Responsibility on Buying Behavior. *The Journal of Consumer Affairs, 35 (1),* 45-72.

Mullen, Brian; Brown, Rupert & Smith, Colleen (1992). Ingroup bias as a function of salience, relevance, and status: An Integration. *European Journal of Social Psychology. 22,* 103-122.

Muller, Alan & Kräussl, Roman (2011). Doing good deeds in times of need: A strategic perspective on corporate disaster donations. *Strategic Management Journal, 32*, 911-929.

Murphy, Patrick E. & Schlegelmilch, Bodo B. (2013). Corporate social responsibility and corporate social irresponsibility: Introduction to a special topic section. *Journal of Business Research, 66,* 1807-1813.

Nkwocha, Innocent; Bao, Yeqing; Johnson, William C. & Brotspies, Herbert V. (2005). Product Fit and Consumer Attitude toward Brand Extensions: Moderating Role of Product Involvement. *Journal of Marketing Theory and Practice, 13 (3),* 49 61.

OECD (2011), OECD-Leitsätze für multinationale Unternehmen, OECD Publishing.

http://dx.doi.org/ 10.1787/9789264122352-de., Letzter Abruf: 25. Juni 2014.

Oikonomou, Ioannis; Brooks, Chris & Pavelin, Stephen (2012). The Impact of Corporate Social Performance on Financial Risk and Utility: A Longitudinal Analysis. *Financial Management, Summer,* 483-515.

Perdue, Barbara C. & Summers, John O. (1986). Checking the Success of Manipulations in Marketing Experiments. *Journal of Marketing Research, 23 (4),* 317-326.

Perreault, William D. Jr & Darden, William R. (1975). Unequal Cell Sizes in Marketing Experiments: Use of the General Linear Hypothesis. *Journal of Marketing Research, 12,* 333-342.

Pettigrew, Thomas F. (1979). The Ultimate Attribution Error: Extending Allport´s Cognitive Analysis of Prejudice. *Personality and Social Psychology Bulletin, 5 (4),* 461-476.

Raab, Gerhard & Unger, Fritz (2005). *Marktpsychologie – Grundlagen und Anwendung* (2. überarbeitete und erweiterte Auflage). Wiesbaden: Gabler.

Rifon, Nora J.; Choi, Marina Sejung; Trimble, Carrie S. & Li, Hairong (2004). Congruence Effects in Sponsorship – The Mediating Role of Sponsor Credibility and Consumer Attributions of Sponsor Motive. *American Journal of Advertising, 33 (1),* 29-42.

Ringle, Christian Marc (2004). *Messung von Kausalmodellen – Ein Methodenvergleich.* In: K.W. Hansmann (Ed.), *Industrielles Management – Arbeitspapier Nr. 14*, Hamburg.

Salmones, Ma del Ma Garcia de los; Crespo, Angel H. & del Bosque, Ignacio R. (2005). Influence of Corporate Social Responsibility on Loyalty and Valuation of Services, *Journal of Business Ethics, 61 (4),* S. 369-385.

Scherer, Klaus R. (1999). *Appraisal Theory.* In: T. Dalgleish & M. Power (Ed.), *Handbook of Cognition and Emotion*, New York: John Wiley & Sons Ltd.

Stevens, James (2002). *Applied multivariate statistics for the social sciences.* Mahwah, N.J.: Lawrence Erlbaum Associates.

Sweetin, Vernon H.; Knowles, Lynette L.; Summery, John H. & McQueen, Kand S. (2013). Willingness-to-punish the corporate brand for corporate social irresponsibility. *Journal of Business Research, 66*, 1822-1830.

Tabachnick, Barbara G. & Fidell, Linda S. (2007). *Using multivariate statistics.* Boston: Pearson/Allyn & Bacon.

Tajfel, Henri & Turner, John (1979). *An integrative theory of intergroup conflict.* In W. Austin & S. Worchel (Eds.), *The social psychology of intergroup relations* (S. 33-47). Montery, CA: Brooks/Cole.

Taz Online (2010). Skandal um Apple-Zulieferer Foxconn – Freitod verboten. http://www.taz.de/!53041/, Letzter Abruf: 08. Oktober 2014.

Turner, John; Oakes, Penelope, J.; Haslam, Alexander S. & McGarty, Craig (1994). Self and Collective: Cognition and Social Context. *Personality and Social Psychology Bulletin, 20 (5),* 454-463.

UN Global Compact (2014). Was ist der Global Compact? http://www.unglobalcompact.org/Languages/german/die_zehn_prinzipien.html, Letzter Abruf: 08. April 2014.

Van Eimeren, Birgit (2013). "Always on" – Smartphone, Tablet & Co. als neue Taktgeber im Netz. http://www.ard-zdf-onlinestudie.de/fileadmin/Onlinestudie/PDF/Eimeren.pdf, Letzter Abruf: 17. September 2014.

Wagner, Tillmann; Lutz, Richard J. & Weitz, Barton A. (2009). Corporate Hypocrisy: Overcoming the Threat of Inconsistent Corporate Social Responsibility Perceptions. *Journal of Marketing, 73*, 77-91.

Weiner, Bernard, Graham, Sandra & Chandler, Carla (1982). Pity, Anger and Guilt: An Attributional Analysis. *Personality and Social Psychology Bulletin, 8 (2),* 226-232.

Weiner, Bernard (1985). An Attributional Theory of Achievement Motivation and Emotion. *Psychological Review, 92 (4),* 548-573).

Weiner, Bernard (1986). *An Attributional Theory of Motivation and Emotion.* New York: Springer.

Williams, Geoffrey & Zinkin, John (2008). The effect of culture on consumers´ willingness to punish irresponsible corporate behavior: applying Hofstede´s typology to the punishment aspect of corporate social responsibility. *Business Ethics: A European Review, 17 (2),* 210-226.

Zaichkowsky, Judith L. (1985). Measuring the Involvement Construct. *Journal of Consumer Research, 12*, 341-352.

ZEIT ONLINE (2010). 780 Millionen Liter – die bisher größte Ölpest aller Zeiten. http://www.zeit.de/wissen/umwelt/2010-08/bp-oelloch-leck-verzoegerung, Letzter Abruf: 05. Oktober 2014.

MARKETING

Herausgegeben von Prof. Dr. Heribert Gierl, Augsburg, Prof. Dr. Roland Helm, Regensburg, Prof. Dr. Frank Huber, Mainz, und Prof. Dr. Henrik Sattler, Hamburg

Band 70
Frank Huber, Eva Appelmann und Michael Lenzen
Pay-What-You-Want – Konsumentenmotive freiwilliger Zahlungen im Rahmen partizipativer Preismechanismen
Lohmar – Köln 2016 • 132 S. • € 43,- (D) • ISBN 978-3-8441-0448-6

Band 71
Frank Huber, Frederik Meyer, Julia Hamprecht und Jasmin Fabian
Adaption gesellschaftlicher Trends durch Markentransfers – Eine empirische Analyse zur Identifikation relevanter Stellhebel für die Imageaktualisierung
Lohmar – Köln 2016 • 180 S. • € 48,- (D) • ISBN 978-3-8441-0449-3

Band 72
Frank Huber, Anita Eisele und Lea Maria Demmer
Der ambivalente Konsument – Eine empirische Analyse zur Entstehung gemischter Gefühle im Kaufprozess
Lohmar – Köln 2016 • 132 S. • € 43,- (D) • ISBN 978-3-8441-0453-0

Band 73
Frank Huber, Cecile Kornmann und Elif Köksecen
Kulturbasierte Präferenzunterschiede im Kaufentscheidungsprozess – Eine vergleichende empirische Studie am Beispiel türkischstämmiger Migranten in Deutschland
Lohmar – Köln 2016 • 120 S. • € 42,- (D) • ISBN 978-3-8441-0454-7

Band 74
Frank Huber, Frederik Meyer und Stefanie Muth
Privatsphäre-Besorgnis bei Retargeting-Anzeigen – Eine kausalanalytische Studie am Beispiel von Schuhmarken
Lohmar – Köln 2016 • 128 S. • € 42,- (D) • ISBN 978-3-8441-0455-4

Band 75
Frank Huber, Johannes Becht und Kerstin Strieder
Corporate Hypocrisy – Eine empirische Gefahrenanalyse von inkonsistenter CSR-Politik für die Unternehmensbewertung
Lohmar – Köln 2016 • 128 S. • € 42,- (D) • ISBN 978-3-8441-0464-6

JOSEF EUL VERLAG